应用型本科院校"十二五"规划教材

Visual Basic 程序设计学习指导

第2版

◎ 主　编　陈家红　花　卉
◎ 副主编　王旭辉　古秋婷　李　波
　　　　　薛俊玲　马丽芳

南京大学出版社

图书在版编目(CIP)数据

Visual Basic 程序设计学习指导/陈家红,花卉主编. —2 版. —南京:南京大学出版社,2015.8
应用型本科院校"十二五"规划教材
ISBN 978 - 7 - 305 - 15829 - 2

Ⅰ.①V… Ⅱ.①陈… ②花… Ⅲ.①BASIC 语言—程序设计—高等学校—教学参考资料 Ⅳ.①TP312

中国版本图书馆 CIP 数据核字(2015)第 205169 号

出版发行 南京大学出版社
社 址 南京市汉口路 22 号   邮 编 210093
出 版 人 金鑫荣

丛 书 名 应用型本科院校"十二五"规划教材
书 名 Visual Basic 程序设计学习指导(第 2 版)
主 编 陈家红 花 卉
责任编辑 邓海琴 单 宁   编辑热线 025 - 83596923

照 排 南京理工大学资产经营有限公司
印 刷 南京人文印务有限公司
开 本 787×1 092 1/16 印张 11.50 字数 225 千
版 次 2015 年 8 月第 2 版 2015 年 8 月第 1 次印刷
ISBN 978 - 7 - 305 - 15829 - 2
定 价 27.00 元

网 址:http://www.njupco.com
官方微博:http://weibo.com/njupco
官方微信:njupress
销售咨询:(025)83594756

前　言

Visual Basic 程序设计课程,是面向全校非计算机专业学生开设的专业基础课。以 VB 语言为平台,介绍程序设计的思想和方法。通过学习,使学生掌握基于面向对象的可视化编程语言和基本算法设计,掌握程序设计的思想和方法,具备利用计算机求解实际问题的基本能力。

本书可以用作学习 Visual Basic 语言的实验和练习用书。本书共分为三部分内容。

第一部分为实验指导:包括 Visual Basic 基础、控制结构、数组、过程、用户界面设计和数据文件 6 个实验,主要是针对程序设计初学者而设计,所有实验均具有较强的针对性和实用性,通过实验可掌握 Visual Basic 程序设计与调试方法,巩固所学知识,培养实际编程能力;

第二部分为习题部分:按章归纳总结了 9 次习题,可作为学生课后练习使用,以帮助学生更好地理解教材知识要点,学会解读程序;

第三部分为综合练习:提供期末模拟考试试卷 1 套,选择和上机操作模拟试题各 3 套,以供学生作为考前模拟。

其中部分试题摘自全国计算机等级考试历年试题,因此本书也可作为全国计算机二级 VB 考试的实验和习题用书。

全书由陈家红、花卉编写和统稿,王旭辉、古秋婷、李波、薛俊玲、马丽芳老师参与了部分章节的编写和校对;同时感谢周秀娥、陈爱萍、马青霞等老师给予的大力支持和帮助。

书中试题在教学实践中以及与学生的交流中逐步得以完善,尽管我们已经做了很大的努力,但由于水平有限,书中难免存在不足之处,请读者批评指正,以帮助我们不断改进和完善。

目　　录

第一部分

上机实验

实验 1　Visual Basic 基础

一、实验目的

(1) 掌握 VB 的启动方法,熟悉 VB 的开发环境;

(2) 掌握常用控件(文本框、标签、命令按钮)的基本特性及应用;

(3) 掌握 VB 的常量、变量、函数使用方法;

(4) 掌握顺序结构程序设计方法;

(5) 学会建立、编辑和运行一个 VB 应用程序,初步了解调试程序的方法。

二、实验要求

(1) 编写程序要规范、正确,上机调试过程和结果要有记录;

(2) 做完实验后给出本实验的实验报告。

三、实验设备、环境

586 以上的计算机,安装有 Visual Basic 6 软件。

四、实验内容

【题目 1】　在名称为 Form1 的窗体上,画一个名称为 Label1 的标签,其标题为"计算机等级考试",字体为宋体,字号为 12,且能根据标题内容自动调整标签的大小。再画 2 个名称分别为 Command1、Command2,标题分别为"缩小"和"还原"的命令按钮。运行效果如图 1-1 所示。

要求　(1) 使得单击"缩小"按钮,Label1 中所显示的标题内容自动减小 2 个字号;单击"还原"按钮,Label1 中所显示的标题内容的大小自动恢复到 12 号。

(2) 将窗体保存为 f1-1.frm,工程保存为 p1-1.vbp。

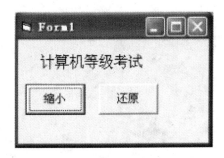

图 1-1　字体变化

【题目 2】　在名称为 Form1 的窗体上画一个文本框,其名称为 T1,宽度和高度分别为 1400 和 400;再画两个按钮,其名称分别为 C1 和 C2,标题分别为"显示"和"扩大",编写适当的事件过程。

要求　(1) 程序运行后,如果单击 C1 命令按钮,则在文本框中显示"等级考试",如

图 1-2所示；如果单击 C2 命令按钮，则使文本框在高、宽方向上各增加一倍，文本框中的字体大小扩大到原来的 3 倍，如图 1-3 所示。

(2) 将窗体保存为 f1-2.frm，工程保存为 p1-2.vbp。

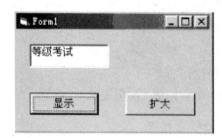
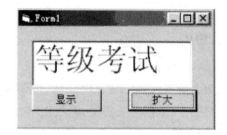

图 1-2　点击显示　　　　　　　　　图 1-3　点击扩大

【题目3】　在名称为 Form1 的窗体上画 1 个名称为 Text1，内容为"计算机"的文本框，且显示为小四号字，再画 3 个命令按钮，名称分别为 Command1、Command2、Command3，标题分别是"居左"、"居中"、"居右"。运行效果如图 1-4 所示。

图 1-4　文字对齐

要求　(1) 程序运行后，使得单击"居左"按钮时，文本框的内容靠左对齐；单击"居中"按钮时，文本框的内容居中对齐；单击"居右"按钮时，文本框的内容靠右对齐。

(2) 将窗体保存为 f1-3.frm，工程保存为 p1-3.vbp。

【题目4】　在名称为 Form1 的窗体上，画 1 个名称为 Image1 的图像框，左界为 360，且在图像框中显示一张图片。再画 2 个名称分别为 Command1、Command2，标题分别为"移动"、"复位"的命令按钮。运行效果如图 1-5 所示。

要求　(1) 编写适当的事件过程，使得每单击"移动"按钮一次，图像框向右移动 10；单击"复位"按钮，图像框自动回位到左界为 360 的位置。

(2) 将窗体保存为 f1-4.frm，工程保存为 p1-4.vbp。

图 1-5　图片移动

【题目 5】　在名称为 Form1 的窗体上添加一个名称为 P1 的图片框。运行效果如图 1-6所示。

要求　（1）使得程序在运行时，每单击一次图片框，就在图片框中输出"单击图片框"；每单击图片框外的窗体一次，就在窗体中输出"单击窗体"，运行时的窗体如图 1-6 所示。

（2）将窗体保存为 f1-5.frm，工程保存为 p1-5.vbp。

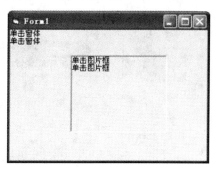

图 1-6　单击效果

【题目 6】　在名称为 Form1 的窗体上添加一个名称为 Image1 的图像框，有边框，并可以自动调整装入图片的大小以适应图像框的尺寸；再添加三个命令按钮，名称分别为 Command1、Command2、Command3，标题分别为"红桃"、"黑桃"、"清除"。运行效果如图 1-7 所示。

要求　（1）单击"黑桃"按钮，则在图像框中显示黑桃图案；单击"红桃"按钮，则在图像框中显示红桃图案；单击"清除"按钮则清除图像框中的图案。

（2）将窗体保存为 f1-6.frm，工程保存为 p1-6.vbp。

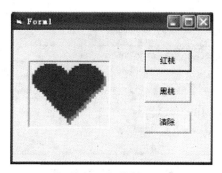

图 1-7　图像框显示

【题目 7】　在名称为 Form1 的窗体上画一个名称为 C1，标题为"改变颜色"的命令按钮，窗体标题为"改变窗体背景颜色"。运行效果如图 1-8 所示。

要求　编写程序，使得单击命令按钮时，将窗体的背景颜色改为红色（&HFF&）。并将窗体保存为 f1-7.frm，工程保存为 p1-7.vbp。

图 1-8　改变颜色

【题目8】 在名称为 Form1 的窗体上画一个标签（名称为 Label1，标题为"输入信息"）、一个文本框（名称为 Text1，Text 属性为空白）和一个命令按钮（名称为 Command1，标题为"显示"），然后编写命令按钮的 Click 事件过程。运行效果如图 1－9 所示。

要求 程序运行后，在文本框中输入"计算机等级考试"，然后单击"显示"按钮，则标签和文本框消失，并在窗体上显示文本框中的内容。运行效果如图 1－10 所示。并将窗体保存为 f1－8.frm，工程保存为 p1－8.vbp。

图 1－9　运行效果   图 1－10　输入后点击显示

【题目9】 在名称为 Form1 的窗体上从上到下画 2 个文本框，名称分别为 Text1、Text2；再画一个命令按钮，名称为 Command1，标题为"选中字符数是"。运行效果如图 1－11所示。

要求 程序运行时，在 Text1 中输入若干字符，选中部分内容后，单击"选中字符数是"按钮，则在 Text2 中显示选中的字符个数。并将窗体保存为 f1－9.frm，工程保存为 p1－9.vbp。

图 1－11　统计字符个数

【题目10】 编写程序实现交换两个数，参考界面如图 1－12 所示。

要求 （1）运行程序，在两个文本框中输入数据，点击"交换"按钮实现两数的交换；点击"清空"按钮实现两个文本框的清空，同时焦点定位在文框 1 中；点击"退出"按钮，实现退出。

（2）将窗体保存为 f1－10.frm，工程保存为 p1－10.vbp。

算法提示：

实现 a、b 变量交换的算法有 2 种：

1. 中间变量法。

     t＝a; a＝b; b＝t

2. 算术方法。

     a＝a＋b; b＝a－b; a＝a－b

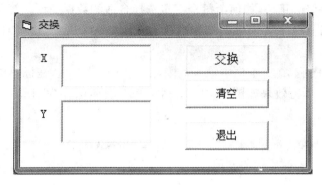

图 1-12　交换两个数

【题目 11】　在程序中输入下面的代码,熟悉常量和变量的使用。

```
Private Sub Form_Click()
    Const p As Integer=7
    Dim a As Integer, b As Integer, c As Integer
    a=12: b=5
    p=a+b          'A
    c=a / b
    print c
End Sub
```

要求　输入以上代码回答以下问题。

1. 运行时,程序会报错,注释 A 会报错,为什么?

2. 如果将错误语句删除,观察 c 的打印结果;如果将 c 的类型修改为 single,那么打印的结果为多少?

【题目 12】　在程序中输入下面的代码,熟悉如何选择合适的变量类型。

```
Option Explicit
Private Sub Form_Click()
    Const p As Integer=5
    a=p+2
    s="hello world"
    rq=#2/20/2008#
    flag=True
    Print a
    Print s
    Print rq
    Print flag
End Sub
```

要求　输入以上代码回答以下问题。

1. 运行时,程序会报错,为什么?

2. 为了将程序修改正确,如何给每个变量选择合适的数据类型。

【题目 13】 编写程序实现根据指定范围,产生 3 个随机整数。参考界面如图 1－13 所示。

要求 运行程序后,在文本框中输入范围,点击"产生"按钮,在标签中分别显示 3 个随机的相应范围整数,运行效果如图 1－14 所示。并将窗体保存为 f1－13.frm,工程保存为 p1－13.vbp。

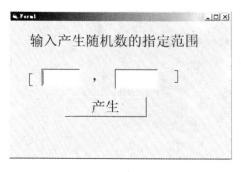 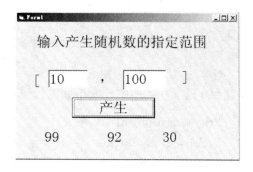

图 1－13　点击"产生"按钮前　　　　　图 1－14　点击"产生"按钮后

【题目 14】 实现对南京号码的升位,升位方法为:将原电话号码第一位增加一,再在第一位前添加 6。如在 Text1 中输入(025)－123456,点击升位按钮后,显示(025)－6223456。程序参考界面如图 1－15 所示。

要求 运行程序后,在文本框中输入原始电话号码,点击"升位"按钮,在标签中显示结果。并将窗体保存为 f1－14.frm,工程保存为 p1－14.vbp。

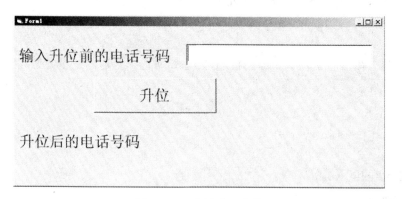

图 1－15　电话号码升位

【题目 15】 输入一个小写的字母,将其转换为大写,并显示该字母在字母表中出现的位置。如 a 的位置为 1,b 的位置为 2 等等。程序参考界面如图 1－16 所示。

要求 运行程序后,在文本框中输入小写字母,点击"转换"按钮,在相应文本框中显示结果;将窗体保存为 f1－15.frm,工程保存为 p1－15.vbp。

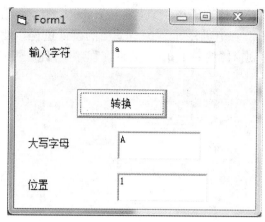

图 1-16 小写字母转换为大写字母

【题目16】 在名称为 Form1 的窗体上添加 1 个名称为 Label1 的标签,使其初始内容为空,且能根据其标题内容自动调整标签的大小;再添加 2 个命令按钮,标题分别为"日期"和"时间",名称分别为 Command1、Command2。如图 1-17 所示。

要求 单击"日期"按钮时,标签内显示系统当前日期;单击"时间"按钮时,标签内显示系统当前时间;将窗体保存为 f1-16.frm,工程保存为 p1-16.vbp。

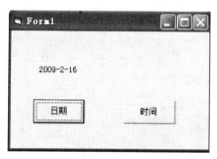

图 1-17 日期和时间的显示

五、思考题

1. 在名称为 Form1、标题为"标签"的窗体上,添加一个可自动调整大小的标签,名称为 Label1,其标题为"计算机等级考试",字体大小为三号字;再添加两个命令按钮,标题分别是"宋体"和"黑体",名称分别为 Command1、Command2,如图 1-18 所示。编写两个命令按钮的 Click 事件过程。程序运行后,如果单击"宋体"命令按钮,则标签标题显示为宋体字体;如果单击"黑体"按钮,则标签标题显示为黑体字体。

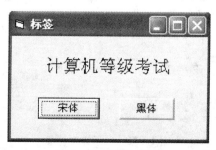

图 1-18 字体设置

2. 在名称为 Form1 的窗体上添加一个名称为 Label1 的标签,在属性窗口中把 Border-Style 属性设置为1(如图 1－19(a)所示),编写适当的事件过程。使得程序在运行后,如果单击窗体,则可使标签移到窗体的右上角(只允许在程序中修改适当属性来实现),运行效果如图 1－19(b)所示。

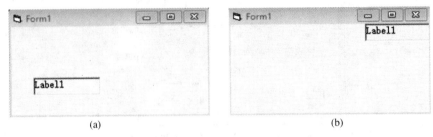

(a)　　　　　　　　　　　　　　　　(b)

图 1－19　标签位置变化

3. 在名称为 Form1 的窗体上添加 1 个名称为 Label1,标题为"口令"的标签;添加一个名称为 Text1 的文本框;再添加三个命令按钮,名称分别为 Command1、Command2、Command3,标题分别为"显示口令"、"隐藏口令"、"重新输入"。程序运行时,在 Text1 中输入若干字符,单击"隐藏口令"按钮,则只显示与字符同样数量的"﹡"(如图 1－20(b)所示);单击"显示口令"按钮,则正常显示输入的字符(如图 1－20(a)所示),单击"重新输入"按钮,则清除 Text1 中的内容,并把光标定位到 Text1 中。

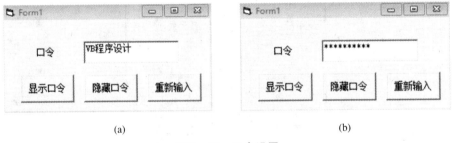

(a)　　　　　　　　　　　　　　　　(b)

图 1－20　口令设置

4. 在名称为 Form1 的窗体上添加两个名称分别为 Label1、Label2,标题分别为"开始位置"、"选中字符数"的标签;添加三个文本框,名称分别为 Text1、Text2、Text3,再添加一个名称为 Command1、标题为"显示选中信息"的命令按钮。程序运行时,在 Text1 中输入若干字符,并用鼠标选中部分文本后,单击"显示选中信息"按钮,则把选中的第一个字符的顺序号在 Text2 中显示,选中的字符个数在 Text3 中显示,如图 1－21 所示。

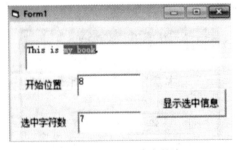

图 1－21　显示选中信息

5. 在名称为 Form1 的窗体上添加一个名称为 Command1 的命令按钮,其标题为"移动本按钮",如图 1 - 22 所示。使得程序运行时,每单击按钮一次,按钮向左移动 100。

图 1 - 22　移动按钮

6. 在名称为 Form1 的窗体上添加一个名称为 Image1 的图像框,其高、宽分别为 1900、1700,通过属性窗口把图像文件载入图像框;再画两个命令按钮控件,名称分别为 C1、C2,标题分别为"放大"、"缩小",如图 1 - 23 所示。如果单击"放大"按钮,则将图像框的高度、宽度均增加 100;单击"缩小"按钮,则将图像框的高度、宽度均减少 100。

图 1 - 23　放大缩小图像

实验 2 控制结构

一、实验目的、要求

(1) 掌握分支程序(选择结构)的设计方法；

(2) 掌握循环的概念,灵活使用 3 种循环结构,即 For、Do While/Until...Loop 与 Do...Loop While/Until 3 种循环语句的使用；

(3) 学会如何控制循环条件,防止死循环或者不循环；

(4) 掌握循环的嵌套与退出循环的方法。

二、实验要求

(1) 编写程序要规范、正确,上机调试过程和结果要有记录；

(2) 做完实验后给出本实验的实验报告。

三、实验设备、环境

586 以上的计算机,安装有 Visual Basic 6 软件。

四、实验内容

【题目1】 设计一个身高预测的程序。小孩成人后的身高与其父母的身高和自身的性别密切相关。设 faHeight 为其父身高,moHeight 为其母身高,身高预测公式为:

男性成人时身高＝(faHeight ＋ moHeight)×0.54cm

女性成人时身高＝(faHeight×0.923 ＋ moHeight)/2cm

要求 (1) 在文本框 Text1 中输入用户的性别(输入字符 F 表示女性,输入字符 M 表示男性)、在文本框 Text2、Text3 中依次输入父母身高；

(2) 点击"显示预测结果"按钮显示预测身高,运行效果如图 1 - 24 所示。

(3) 将窗体保存为 f2 - 1. frm,工程保存为 p2 - 1. vbp。

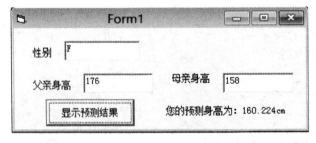

图 1 - 24 身高预测

【题目2】 设计一个简单的猜数游戏,先由计算机"想"一个数,如果猜对了,则显示 Right,否则显示 Wrong。

要求 (1) 如图 1 - 25 所示,点击"开始猜数"按钮,首先产生一个 10～20 的随机整数,

接着使用 InputBox 输入框的形式让用户输入一个整数,并在标签中显示猜数结果,运行效果如图 1-26 所示;

(2) 将窗体保存为 f2-2.frm,工程保存为 p2-2.vbp。

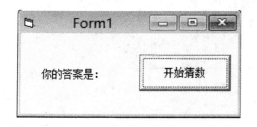

图 1-25　运行

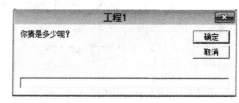

图 1-26　InputBox 输入框

思考　如果猜错时需要告诉是猜大了还是猜小了,该怎么修改程序?

提示　可以结合使用 randomize。

【题目 3】　从键盘任意输入一个字符,编程判断该字符是数字、大写字母、小写字母、空格还是其他字符。

要求　根据题目设计界面;将窗体保存为 f2-3.frm,工程保存为 p2-3.vbp。

界面提示　数据的输入可以采用 TextBox、InputBox 等形式;数据输出可以采用 Label、TextBox、Print、Msgbox 等形式。

【题目 4】　编写程序计算出租车费:已知出租车行驶不超过 4 公里时一律收费 10 元,超过 4 公里时分段处理,具体处理方式为:15 公里以内每公里加收 1.2 元,15 公里以上每公里收 1.8 元。界面参考图 1-27。

要求　(1) 点击"输入"按钮,弹出 InputBox 输入框的形式输入公里数;点击"计算"按钮计算出应付费用;

(2) 将窗体保存为 f2-4.frm,工程保存为 p2-4.vbp。

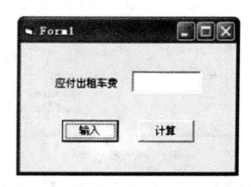

图 1-27　计算出租车费

【题目 5】　产生 20 个 0～1000 的随机整数,然后统计出这 20 个整数中大于 500 的所有整数之和。运行效果如图 1-28 所示。

要求　程序运行后,单击"统计"按钮,即可求出这些整数的和,并在窗体上显示出来。将窗体保存为 f2-5.frm,工程保存为 p2-5.vbp。

思考　如果将 20 个数显示在文本框中,怎么修改程序。

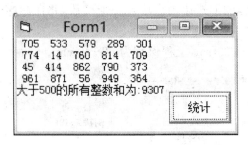

图 1-28　统计整数和

【**题目6**】　编写程序随机产生 30 个 0 至 1000 的整数,显示其中的最小值。

要求　运行效果如图 1-29 所示,单击"输出最小值"按钮,打印出这 30 个数中的最小值;将窗体保存为 f2-6. frm,工程保存为 p2-6. vbp。

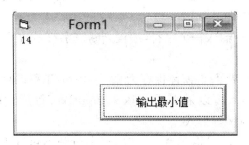

图 1-29　输出最小值

【**题目7**】　编写程序,找出 0 至 1000 范围内不能被 7 整除的整数,统计出它们的个数并显示。

要求　运行效果如图 1-30 所示,单击"统计"按钮,在文本框中显示出个数;将窗体保存为 f2-7. frm,工程保存为 p2-7. vbp。

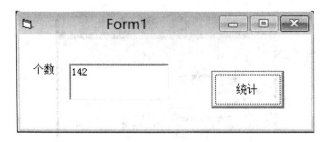

图 1-30　统计个数

【**题目8**】　编写程序,找出所有三位水仙花数,并将它们的最大值与最小值分别显示在文本框 Text1、Text2 中。(注:当一个三位整数的值等于该数中的各位数字的立方和时,此数被称为水仙花数。如:$153=1^3+5^3+3^3$,所以 153 就是个水仙花数)。

要求　界面根据题目要求设计。将窗体保存为 f2-8. frm,工程保存为 p2-8. vbp。

【**题目9**】　编写程序,找出某个正整数所有不同因子及其因子个数。

要求　单击"输入整数"按钮,利用 InputBox 函数输入一个整数,并在窗体上显示此整数的所有不同因子和因子个数。图 1-31 是输入 53 后的结果,图 1-32 是输入 100 的结果;将窗体保存为 f2-9. frm,工程保存为 p2-9. vbp。

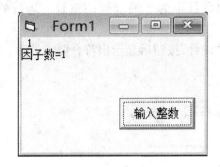 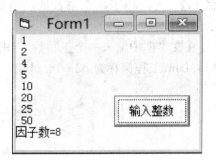

图 1-31　输入 53 后显示　　　　图 1-32　输入 100 后显示

【题目 10】　统计一个字符串中出现某个英文字母的个数。

要求　（1）如图 1-33 所示，在文本框 Text1 中输入一段英文字符，在文本框 Text2 中输入一个英文字母，然后单击"统计"命令按钮，统计该字母（大小写被认为是不同的字母）在文本中出现的次数，统计结果显示在标签 Label3 中；

（2）将窗体保存为 f2-10.frm，工程保存为 p2-10.vbp。

图 1-33　统计字母个数

【题目 11】　输入一个不含符号位的二进制整数，将其转换为十进制数。

要求　界面根据题目要求设计。将窗体保存为 f2-11.frm，工程保存为 p2-11.vbp。

【题目 12】　输入一个正整数，判断该正整数是否为素数（只能被 1 和自身整除的数）。

要求　界面根据题目要求设计。将窗体保存为 f2-12.frm，工程保存为 p2-12.vbp。

【题目 13】　假设今年的工业产值为 100 万元，产值增长率为每年 6%，请计算工业产值过多少年可增长一倍？运行效果如图 1-34 所示。

要求　界面根据题目要求设计。将窗体保存为 f2-13.frm，工程保存为 p2-13.vbp。

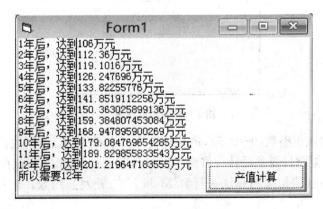

图 1-34　工业产值计算

【题目14】 找出小于某个整数的所有偶数且不为 3 的倍数的整数。运行效果如图 1 - 35所示。

要求 在文本框中输入一个正整数,点击"统计"按钮后显示出符合要求的数;将窗体保存为 f2 - 14. frm,工程保存为 p2 - 14. vbp。

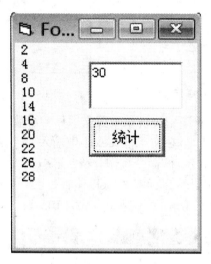

图 1 - 35　显示结果

【题目15】 程序功能是在文本框中输入一个整数 n,单击"统计"按钮,则找出的数字按以下规律排列:每个数是前面 2 个数之和,最后 1 个数是满足上述规律的最大的小于 n 的数,第一项和第二项的值为 1。如输入 10,则显示的数字有:2、3、5、8。运行效果如图 1 - 36所示。

要求 界面根据题目要求设计。将窗体保存为 f2 - 15. frm,工程保存为 p2 - 15. vbp。

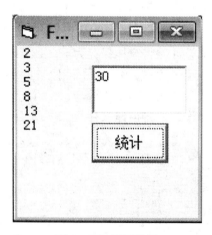

图 1 - 36　显示结果

【题目16】 输入正整数(0～255),将其转换为一个 8 位的二进制数。

要求 界面根据题目要求设计。将窗体保存为 f2 - 16. frm,工程保存为 p2 - 16. vbp。

【题目17】 用辗转相除的算法来计算 M 和 N 的最大公约数。运行效果如图 1 - 37所示。

要求 在 Text1 和 Text2 中分别输入 M 和 N 的值,点击"计算"按钮在 Text3 中显示最大公约数；将窗体保存为 f2 - 17. frm，工程保存为 p2 - 17. vbp。

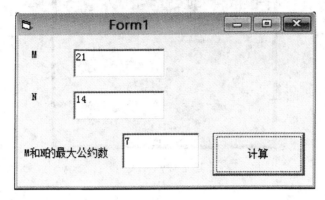

图 1 - 37　计算最大公约数

【题目 18】　马克思的手稿中有一道趣味数学问题：有 30 个人，其中有男人、女人和小孩，在一家饭馆吃饭花了 50 先令，每个男人花 3 先令，每个女人花 2 先令，每个小孩花 1 先令，问男人、女人和小孩各有几人？

要求　界面根据题目要求设计。将窗体保存为 f2 - 18. frm，工程保存为 p2 - 18. vbp。

算法提示　用穷举法实现该程序。

【题目 19】　在窗体上添加一个名称为 Frame1、标题为"框架"的框架，在框架内添加两个名称分别为 Option1、Option2 的单选按钮，其标题分别为"第一项"、"第二项"。要求通过设置控件的属性将"第二项"初始值设置为被选中，框架为不可用。运行程序后的窗体如图 1 - 38 所示。

要求　将窗体保存为 f2 - 19. frm，工程保存为 p2 - 19. vbp。

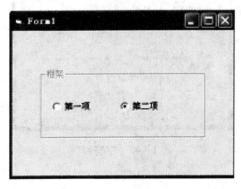

图 1 - 38　单选按钮设置

【题目 20】　在窗体上添加一个文本框，一个计时器和两个命令按钮。

要求　程序的功能是在运行时，单击"开始计数"按钮，就开始计数（如图 1 - 39 所示），每隔 1 秒，文本框中的数加 1；单击"停止计数"按钮，则停止计数。将窗体保存为 f2 - 20. frm，工程保存为 p2 - 20. vbp。

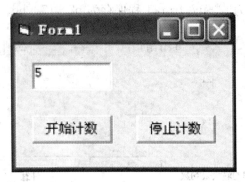

图 1 - 39 计数

五、思考题

1. 编写程序,实现输入 3 个数,找出其中的最大值,并显示。

2. 编写程序,使得在文本框 Text1 中每输入一个字符,则立即判断:若是小写字母,则将它的大写形式显示在标签 Label1 中;若是大写字母,则把它的小写形式显示在 Label1 中,若是其他字符,则将该字符直接显示在 Label1 中。输入的字母总数则显示在标签 Label2 中,运行效果如图 1 - 40 所示。请完善以下程序。

程序提示:如果使用 Text1_KeyPress 事件程序应该如何编写。

图 1 - 40 字符判断

```
Private Sub Text1_Change()
    Static n As Integer
    Dim ch As String * 1
    ch＝Right(_____)
    If ch >= "A" And ch <= "Z" Then
        Label1. Caption = LCase(ch)
        n = n+1
    ElseIf _____ Then
        Label1. Caption = UCase(ch)
        n = n+1
```

```
ElseIf _____ Then
    Label1. Caption = _____
Else
    Label1. Caption = _____
End If
Label2. Caption= _____
End Sub
```

3. 编写程序，找出 1～1000 中的所有完全平方数（一个整数若是另一个整数的平方，那么它就是完全平方数。如：$36=6^2$ 所以 36 就是一个完全平方数），并计算这些完全平方数的平均值，最后将计算所得平均值截尾取整后在文本框 Text1 中显示，参考界面如图 1-41 所示。

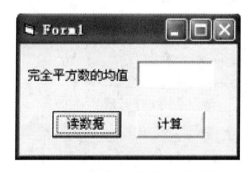

图 1-41　完全平方数的平均值计算

4. 输入一个正整数，判断其是否为完全数（完全数是指该数等于其自身所有因子之和的整数，例如 $6=1+2+3$，6 就是完全数）。

算法提示：可以采用字符串拆分或整数拆分的方法，得到该数的每一位。

5. 程序运行时，单击窗体则显示如图 1-42 所示的图案。请完善以下程序。

图 1-42　图案显示

```
Private Sub Form Click()
    For i = 1 To _____
        For j = 1  To  6 - i
            Print " ";
        Next j
```

```
        For j = 1 To _____
            Print " * ";
        Next j
        Print
    Next i
End Sub
```

6. 计算勾股定理整数组合的个数。勾股定理中 3 个数的关系是：$a^2 + b^2 = c^2$。例如，3、4、5 就是一个满足条件的整数组合（注意：a, b, c 分别为 4，3，5 与分别为 3，4，5 被视为同一个组合，不应该重复计算）。编写程序，统计在 60 以内的三个数满足上述关系的整数组合的个数，并显示在标签 Label1 中。

实验 3　数　组

一、实验目的

(1) 掌握数组的定义方法及数组元素的引用方法；

(2) 掌握固定大小数组与动态数组的使用方法；

(3) 掌握控件数组的创建方法，并明确控件数组中控件名称的组成特点。

二、实验要求

(1) 编写程序要规范、正确，上机调试过程和结果要有记录。

(2) 做完实验后给出本实验的实验报告。

三、实验设备、环境

586 以上的计算机，安装有 Visual Basic 6 软件。

四、实验内容

【题目 1】　随机生成 10 个 $-50 \sim 50$ 之间的整数，分别统计其中正数之和与负数之和，运行效果如图 1-43 所示。

要求　界面根据题目要求设计。将窗体保存为 f3-1.frm，工程保存为 p3-1.vbp。

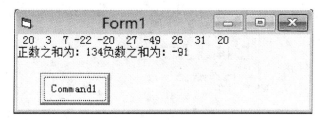

图 1-43　正数、负数之和

【题目 2】　随机生成 10 个两位正整数，求其中的最大值和平均值，并将结果显示出来，运行效果如图 1-44 所示。

要求　界面根据题目要求设计。将窗体保存为 f3-2.frm，工程保存为 p3-2.vbp。

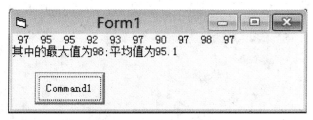

图 1-44　最大值和平均值

【题目 3】　实现以下程序功能：程序运行后，在四个文本框中各输入一个整数。然后单击"按升序排序"按钮，即可使数组按升序排序，并在文本框中显示出来。提示：可用 array

函数生成数组,运行效果如图 1-45 与 1-46 所示。

　　要求　界面根据题目要求设计。将窗体保存为 f3-3.frm,工程保存为 p3-3.vbp。

图 1-45　输入 4 个数

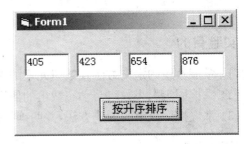
图 1-46　点击按钮

【题目 4】　设有一个二维数组 A(4,4),试计算:

➢所有元素之和。

➢所有靠边元素之和。

➢正对角线上元素之和。

　　要求　运行效果如图 1-47 所示,界面根据运行效果设计。将窗体保存为 f3-4.frm,工程保存为 p3-4.vbp。

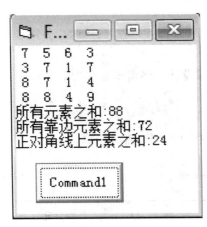
图 1-47　二维数组计算

【题目 5】　设有一个二维数组 A(5,5),试计算矩阵第三行各项的和,并在窗体上显示出来,运行效果如图 1-48 所示。

　　要求　界面根据运行效果设计。将窗体保存为 f3-5.frm,工程保存为 p3-5.vbp。

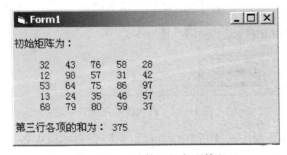
图 1-48　矩阵第三行各项的和

【题目6】　设有一个二维数组 A(5,5),试找出正对角线上最大的值。运行效果如图 1－49所示。

　　要求　界面根据运行效果设计。将窗体保存为 f3－6.frm,工程保存为 p3－6.vbp。

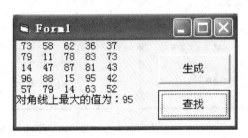

图 1－49　正对角线上最大的值

【题目7】　产生一个二维数组 A(5,5),要求中心位置值为 9,对角线位置值为 1,其余位置值为 0。运行效果如图 1－50 所示。

　　要求　界面根据运行效果设计。将窗体保存为 f3－7.frm,工程保存为 p3－7.vbp。

图 1－50　产生数组

【题目8】　设有一个二维数组 A(4,4),请交换其中的第二列和第四列,并显示。

　　要求　界面根据题目要求设计。将窗体保存为 f3－8.frm,工程保存为 p3－8.vbp。

【题目9】　实现以下程序功能:运行程序时,随机产生一个 4 行 4 列的二维数组,单击"计算"命令按钮时,将统计矩阵两个对角线的元素中能被 3 整除的个数,统计结果显示在标签 lblfirst 中;同时计算矩阵主对角线的元素之和,计算结果显示在标签 lblSecond 中。运行效果如图 1－51 所示。

　　要求　界面根据题目要求设计。将窗体保存为 f3—9.frm,工程保存为 p3—9.vbp。

图 1－51　主对角线统计

【题目10】　设在窗体中有一个名称为 List1 的列表框,其中有若干项目。要求选中一项后单击"Command1"按钮,就删除选中的项,运行效果如图 1－51 与 1－52 所示。

　　要求　界面根据题目要求设计。将窗体保存为 f3－10.frm,工程保存为 p3－10.vbp。

图 1‑52 点击前选中"北京"　　　　图 1‑53 点击按钮后删除

【题目 11】　窗体上有一个组合框,其中已输入了若干项目。程序运行时,单击其中一项,即可以把该项移至最上面一项,运行效果如图 1‑54 与 1‑55 所示。

　　要求　界面根据题目要求设计。将窗体保存为 f3‑11.frm,工程保存为 p3‑11.vbp。

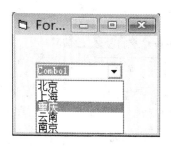 

图 1‑54　点击前选中"重庆"　　　　图 1‑55　点击后交换

【题目 12】　有 10 位同学的 VB 课程的期末成绩,信息如下:82、75、91、65、57、44、78、64、95、62,请将他们的信息保存到数组中,显示在列表框中,在"优秀"、"通过"和"不通过"三个分数段的人数进行统计。其中 85 分以上(含 85 分)为"优秀",60－85 分之间(含 60 分)为"通过",60 分以下的为"不通过",运行效果如图 1‑56 所示。

　　要求　界面根据题目要求设计。将窗体保存为 f3‑12.frm,工程保存为 p3‑12.vbp。

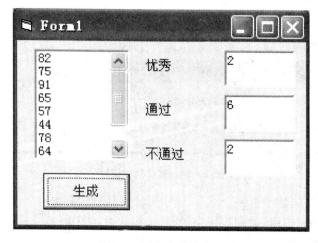

图 1‑56　期末成绩统计

【题目 13】　在窗体上添加一个组~~~~~~~许输入三个列表项："3"、"7"、"11"
(列表项的顺序不限,但必须是这 3 个数~~~~~~~~Text1 的文本框;再添加一个标
题为"计算"、名称为 C1 的命令按钮,如图 1~~~~~~~~~~~~~算 5000 以内能够被该数整
　　要求　在组合框中选定一个数字后,单击"~~~~~~~~~~
除的所有数之和,并放入 Text1 中。
　　提示　由于计算结果较大,应使用长整型变量。

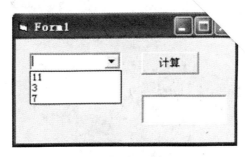

图 1 - 57　组合框使用

【题目 14】　实现以下程序功能:程序运行时,向文本框控件数组 Text1(有 5 个文本框
中任意输入 5 个数,单击"找最小数"命令按钮,则找出其中最小数并显示在标签 lblResult
中,运行效果如图 1 - 58 所示。
　　要求　界面根据题目要求设计。将窗体保存为 f3 - 14. frm,工程保存为 p3 - 14. vbp。

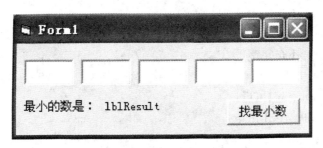

图 1 - 58　控件数组

【题目 15】　有一个用户自定义类型 StuInfo,包括 2 个字段,分别为姓名和年龄。
　　要求　(1) 定义一个 StuInfo 类型的数组,可以包括 4 个数据成员,具体内容如表 1 - 1
所示;
　　(2) 统计出 4 个数据成员的年龄总和,并显示;
　　(3) 根据要求设计窗体;将窗体保存为 f3 - 15. frm,工程保存为 p3 - 15. vbp。

表 1 - 1

记录类型定义为:	记录内容为
Private Type StudInfo	Tom 21
Name　As String * 8	Jerry 20
Age　As Integer	Mary 20
End Type	Mike 20

调……),并将位置调整后的数组显示在文本框 Text2 中。

4. 分别产生 10 个两位的随机整数放入 Arr1 和 Arr2 两个数组中;把两个数组中对应下标的元素相减,其结果放入第三个数组中(即:第一个数组的第 n 个 元素减去第二个数组的第 n 个元素,其结果作为第三个数组的第 n 个元素。n 为 1、2、…、20),最后计算第三个数组各元素之和,把所求得的和在窗体上显示出来。

5. 设有一个二维数组 A(10,4),请计算出每一行的和。这个程序不完整,请把它补充完整。

```
Option Base 1
Private Sub Command1 Click()
    Dim a(10,4) As Integer,b(10) as Integer
    For i=1 to 10
        For j=1 to 4
            a(i,j)=Int(Rnd * 10)
            Print a(i,j);
        Next j
        Print
    Next i
    For i=1 to 10
        For j=1 to 4
            b(i)= _____
    Next j
    Print "第" & i & "行的和为" & _____
Next i
```

6. 编写程序实现,单击"添加项目"命令按钮,则从键盘上输入要添加到列表框中的项目(内容任意,不少于三个);如果单击"删除项目"命令按钮,则从键盘上输入要删除的项目内容,将其从列表框中删除。程序的运行情况如图 1 - 59(a)与(b)所示。但这个程序不完整,请把它补充完整。

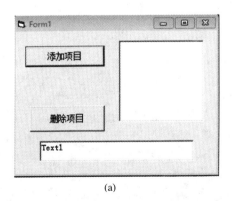
(a)

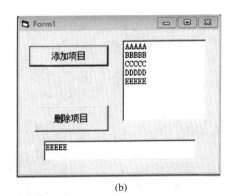
(b)

图 1 - 59 列表框的添加删除

```
Private Sub Command1 _____ Click()
    Text1. Text = InputBox("请输入要添加的项目")
```

```
        List1. AddItem _____
End Sub
Private Sub Command2 _____ Click()
        Text1. Text= InputBox("请输入要删除的项目")
        For i= 0 To _____
        If List1. List(i) = _____ Then
             List1. RemoveItem _____
        End If
        Next i
End Sub
```

实验 4 过 程

一、实验目的

(1) 掌握通用 Sub 过程、函数过程的定义和调用方法;

(2) 掌握实参和形参按值传递和按地址传递的不同用法;

(3) 掌握全局、模块和局部变量的作用域及变量的生命期。

二、实验要求

(1) 编写程序要规范、正确,上机调试过程和结果要有记录。

(2) 做完实验后给出本实验的实验报告。

三、实验设备、环境

586 以上的计算机,安装有 Visual Basic 6 软件。

四、实验内容

【题目1】 在窗体上有一个文本框和一个命令按钮。

要求 程序运行后,单击命令按钮,即可计算出 0～200 范围内能被 3 整除的所有整数的和,并显示在文本框中。已给出了部分程序,其中计算能被 3 整除的整数的和的操作在通用过程 Fun 中实现,请编写该过程的代码。将窗体保存为 f4 - 1. frm,工程保存为 p4 - 1. vbp。

```
Function Fun()
    '需完善
End Function
Private Sub Command1 Click()
    d = Fun()
    Text1. Text = d
End Sub
```

【题目2】 编程计算 1 到 10 的阶乘的值。运行效果如图 1 - 60 所示。

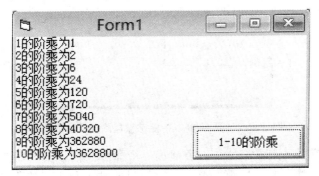

图 1 - 60 计算 1—10 的阶乘

要求 定义一个过程 Fact,用于判断一个整数的阶乘;将窗体保存为 f4 - 2. frm,工程保存为 p4 - 2. vbp。

思考 如果使用 Fact 函数,计算自然数的底 e 的近似值,当 n 项的值小于 0.000001 时停止计算。e 的计算公式为:

$$e = 1 + \frac{1}{1!} + \frac{1}{2!} + \frac{1}{3!} + \cdots + \frac{1}{n!}$$

【题目 3】 请在窗体上添加一个列表框,2 个按钮和一个标签,实现:单击"产生数据"按钮:在列表框中添加 20 个 3 位的随机整数;单击"统计个数"按钮:在标签中显示其中水仙花的个数(一个数的值等于该数的各位数字的立方和时,此数被称为水仙花数,如 153)。运行效果如图 1 - 61 所示。

要求 定义一个过程 judge,用于判断一个三位整数是否为水仙花数;将窗体保存为 f4 - 3. frm,工程保存为 p4 - 3. vbp。

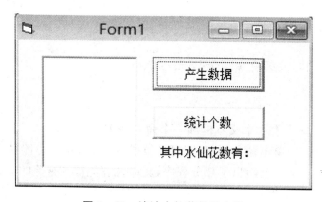

图 1 - 61 统计水仙花数的个数

【题目 4】 请在窗体上添加一个组合框,名称为 cb1,并输入三个列表项:3,7,11;添加一个名为 Text1 的文本框,再添加一个名为 c1 的命令按钮。实现在组合框中选定一个数字后,单击"计算"按钮时,则计算 5000 以内能够被该数整除的所有数值和,并显示在 Text1 中。运行效果如图 1 - 62 所示。

要求 定义一个函数过程 F1,用于计算 5000 以内能够被某一个整数整除的所有数值和;将窗体保存为 f4 - 4. frm,工程保存为 p4 - 4. vbp。

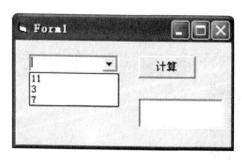

图 1 - 62 计算 5000 以内能够被整除的所有数值和

【题目 5】 请在窗体上添加一个列表框和一个命令按钮。实现在单击"显示"按钮时,在列表框中显示出 100~999 之间的素数(素数指只能被 1 和自身整除的数)。运行效果如

图 1 - 63 所示。

要求　定义一个函数过程 Prime，用于判断某一个整数是否为素数；将窗体保存为 f4 - 5. frm，工程保存为 p4 - 5. vbp。

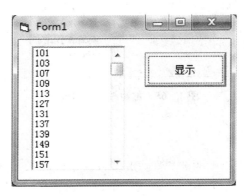

图 1 - 63　显示素数

【题目6】　输入某班某门课程的成绩(共 30 人)，统计不及格的人数。

要求　定义一个函数过程 NoPass，用于实现不及格人数的统计；将窗体保存为 f4 - 6. frm，工程保存为 p4 - 6. vbp。

思考　如果人数不确定，需要由键盘输入人数，怎么修改程序。

【题目7】　请设计窗体界面，实现排序。单击"产生"按钮时，在 Text1 中显示 10 个 10～50 之间的随机数；单击"排序"后，在 Text2 中显示排序之后的结果。运行效果如图 1 - 64 所示。

要求　定义一个 Sub 子过程，用于实现对一维数组的排序功能；将窗体保存为 f4 - 7. frm，工程保存为 p4 - 7. vbp。

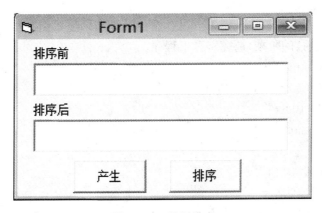

图 1 - 64　数组排序

【题目8】　请设计窗体界面，实现产生 30 个 0～1000 的整数，放入一个数组，然后输出其中的最小值。运行效果如图 1 - 65 所示。

要求　定义一个函数过程 Fmin，用于实现对一维数组最小值的查找。将窗体保存为 f4—8. frm，工程保存为 p4—8. vbp。

图 1‒65 数组最小值的查找

五、思考题

1. 计算 0～1000 范围内不能被 7 整除的整数的个数,并在文本框中显示出来。已给出了部分程序,其中计算不能被 7 整除的整数的个数的操作在通用过程 Fun 中实现,请完善以下程序。

```
Function Fun()
    For i=1 to 1000
        If _____ Then  n=n+1
    Next i
    Fun=_____
End Function
Private Sub Command1 Click()
    d = Fun()
    Text1. Text=d
End Sub
```

2. 计算 1!＋2!＋3!＋…＋10! 的值,并将计算结果显示在文本框中;其中函数 f 用于实现计算某个正整数的阶乘,请完善以下程序。

```
Private Sub Command1 Click()
    Dim i as Integer,sum as Long
    For i=1 to 10
        sum=sum+_____
    Next i
    Text1. Text=sum
End Sub
Function f(n As Integer) As Long
    s = _____
    For k = 2 To n
        s = s * k
    Next
    f = _____
End Function
```

实验5 用户界面设计

一、实验目的

(1) 掌握常用控件的使用；
(2) 学会使用通用对话框控件进行编程；
(3) 掌握下拉式菜单和弹出式菜单的设计方法；
(4) 掌握创建多重窗体程序的方法；
(5) 了解鼠标和键盘事件。

二、实验要求

(1) 编写程序要规范、正确，上机调试过程和结果要有记录。
(2) 做完实验后给出本实验的实验报告。

三、实验设备、环境

586 以上的计算机，安装有 Visual Basic 6 软件。

四、实验内容

【题目1】 在窗体上添加一个单选按钮数组，利用属性窗口，为单选按钮依次添加标题为"北京"、"上海"、"广州"；再添加一个标题为"显示"的命令按钮，如图 1－66 所示。

要求 (1) 程序的功能是在运行时，如果选中一个单选按钮后，单击"显示"按钮，则根据单选按钮的选中情况，在窗体上显示"我的出生地是北京"、"我的出生地是上海"或"我的出生地是广州"；

(2) 将窗体保存为 f5－1.frm，工程保存为 p5－1.vbp。

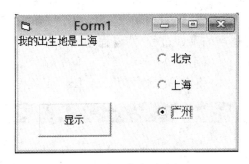

图 1－66 出生地选择

【题目2】 Form1 窗体中有一个文本框，名称为 Text1；请在窗体上画两个框架，名称分别为 F1、F2，标题分别为"性别"、"身份"；在 F1 中画两个单选按钮 Op1、Op2，标题分别为"男"、"女"；在 F2 中画两个单选按钮 Op3、Op4，标题分别为"学生"、"教师"；再画一个命令按钮，名称为 C1，标题为"确定"，如图 1－67 所示。

要求 (1) 请编写适当的事件过程，使得在运行时，在 F1、F2 中各选一个单选按钮，然

后单击"确定"按钮,就可以在文本框中显示"我是男教师"、"我是男学生"、"我是女教师"或
"我是女学生";

(2) 将窗体保存为 f5 - 2. frm,工程保存为 p5 - 2. vbp。

图 1 - 67　性别和身份选择

【题目 3】　在名称为 Form1 的窗体上画一个标签名称为 L1,标题为"业余爱好",再画
一个名称为 Ch1 的复选框数组,含 3 个复选框,它们的 Index 属性分别为 0、1、2,标题依次
为"体育"、"音乐"、"美术",请设置复选框的属性,使其初始状态为:

体育:选中、可用;音乐:为未选中、不可用;美术:未选中、可用,如图 1 - 68 所示。

要求　根据要求设计窗体;将窗体保存为 f5 - 3. frm,工程保存为 p5 - 3. vbp。

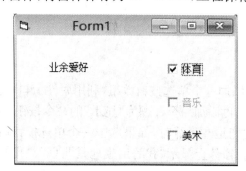

图 1 - 68　业余爱好设置

【题目 4】　在名称为 Form1 的窗体上添加一个名称为 Hscroll1 的水平滚动条,其刻度
范围为 1~100;再添加一个名称为 Text1 的文本框,初始文本内容为 1。程序开始运行时,
焦点在滚动条上。请编写适当的事件过程,使得程序运行时,文本框中实时显示滚动框的当
前位置。运行情况如图 1 - 69 所示。

要求　根据要求设计窗体;将窗体保存为 f5 - 4. frm,工程保存为 p5 - 4. vbp。

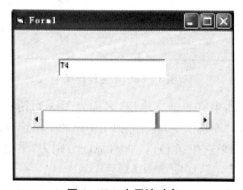

图 1 - 69　水平滚动条

【**题目 5**】　在名称为 Form1 的窗体上画一个名称为 Command1 的命令按钮,其标题为 "打开",再画一个名称为 CD1 的通用对话框,在属性窗口中设置 CD1 的初始路径为"C:\", 默认的文件名为 None,标题为"保存等级考试",文件类型为"文本文档|*.txt"。运行效果 如图 1-70 与 1-71 所示。

要求　当点击打开按钮时,弹出保存文件对话框;将窗体保存为 f5-5.frm,工程保存为 p5-5.vbp。

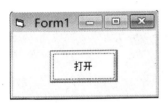

图 1-70　Form1 窗体　　　　　　　　　**图 1-71　保存对话框**

【**题目 6**】　在名称为 Form1,标题为"菜单"的窗体上,设计满足如表 1-2 要求的 菜单。

要求　根据要求设计窗体;将窗体保存为 f5-6.frm,工程保存为 p5-6.vbp,运行效果 如图 1-72 所示。

表 1-2

分类	标题	名称	内缩符号
主菜单项 1	文件	File	无
子菜单项 1	新建	New	1
子菜单项 2	保存	Save	1
主菜单项 2	退出	Exit	无

图 1-72　菜单设计

【题目7】 为列表框制作快捷菜单,运行效果如图1-73所示。

要求 (1)制作菜单如表1-3所示;

表1-3

分类	标题	名称	可见	内缩符号
主菜单项1	菜单	Menu1	√	无
子菜单项1	产生10个随机整数	creat	√	1
子菜单项2	删除最后一个	delete		1

(2)为2个子菜单项编辑 Click 相应事件代码;

(3)当右击列表框是弹出菜单;

(4)将窗体保存为 f5-7.frm,工程保存为 p5-7.vbp。

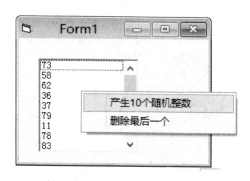

图1-73 列表框的快捷菜单

【题目8】 在名称为 Form1 的窗体上添加一个名称为 Text1 的文本框,再建立一个名称为 Format 的弹出式菜单,含三个菜单项,标题分别为"加粗"、"斜体"、"下划线",名称分别为 M1、M2、M3。

要求 当用鼠标右键单击文本框时,弹出菜单,选中一个菜单项后,则按所选菜单标题设置文本框中文本的格式,如图1-74所示。将窗体保存为 f5-8.frm,工程保存为 p5-8.vbp。

图1-74 文本框的快捷菜单

【题目9】 在名称为 Form1 的窗体上添加一个名称 Shape1 的形状控件,在属性窗口中将其形状设置为圆形。添加一个名称为 List1 的列表框,并在属性窗口中设置列表项的值分别为1、2、3、4、5。将窗体的标题设为"图形控件"。

要求 单击列表框中的某一项,则将其值作为形状控件的填充参数。例如,选择3,则形状控件中被竖线填充,如图1-75所示。将窗体保存为 f5-9.frm,工程保存为

p5 - 9. vbp。

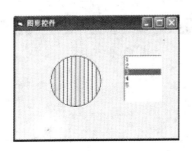

图 1 - 75　形状控制

【题目 10】　在窗体上添加直线 Line1、Line2 和 Line3 组成的三角形,直线 Line1、Line2 和 Line3 的坐标值如下表 1 - 4 所示。

表 1 - 4

名称	X1	Y1	X2	Y2
Line1	900	1200	1600	300
Line2	900	1200	2600	1200
Line3	1200	300	2600	1200

再添加一条直线 Line4 以构成三角形的高,且该直线的初始状态为不可见。添加两个命令按钮,名称分别为 Cmd1、Cmd2,标题分别为"显示高"、"隐藏高",如图 1 - 76 所示。

要求　单击"显示高"按钮,则显示三角形的高;单击"隐藏高"按钮,则隐藏三角形的高。将窗体保存为 f5 - 10. frm,工程保存为 p5 - 10. vbp。

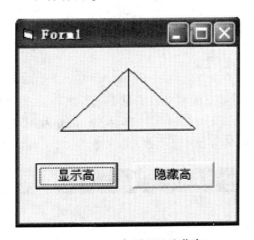

图 1 - 76　三角形显示隐藏高

五、思考题

1. 窗体上已经有一个标签 Label1,一个单选按钮数组,名称为 Op1,含三个单选按钮,它们的 Index 属性分别为 0、1、2,标题依次为"飞机"、"火车"、"汽车",一个名称为 Text1 的文本框。请完善下列程序,使得在程序运行时单击"飞机"或"火车"单选按钮时,在 Text1 中显示"我坐飞机去"或"我坐火车去",单击"汽车"单选按钮时,在 Text1 中显示"我开汽车去",如图 1－77 所示。请完善下列程序。

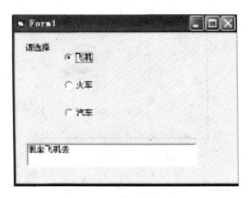

图 1－77　单选按钮数组

```
Private Sub Op1_Click(Index As Integer)
    Dim a As String，b As String，c As String
    a ＝ "我坐"
    b ＝ "我开"
    Select Case ＿＿＿＿＿＿
        Case 0
            Text1. Text ＝ a ＋ Me. Op1(0). Caption ＋ "去"
        Case 1
            Text1. Text ＝＿＿＿ ＋ Me. Op1(1). Caption ＋ "去"
        Case 2
            Text1. Text ＝ b ＋ Me. Op1(2). Caption ＋ "去"
    End Select
End Sub
```

2. 在名称为 Form1 的窗体上添加 1 个名称为 Shape1 的圆角矩形,高、宽分别为 1000、2000。请利用属性窗口设置适当的属性以满足下列要求:① 圆角矩形中填满绿色(颜色值为:＆H0000FF00＆ 或 ＆HFF00＆);② 窗体的标题为"圆角矩形",字体为"仿宋GB2312"。程序运行后的窗体如图 1－78 所示。

图 1－78　圆角矩形

实验 6　数据文件

一、实验目的

(1) 掌握顺序文件、随机文件及二进制文件的特点；

(2) 掌握顺序文件、随机文件的打开、关闭、读/写操作；

(3) 学会在应用程序中使用文件。

二、实验要求

(1) 编写程序要规范、正确，上机调试过程和结果要有记录。

(2) 做完实验后给出本实验的实验报告。

三、实验设备、环境

586 以上的计算机，安装有 Visual Basic 6 软件。

四、实验内容

【题目 1】　将多行文本框 Text1 中的内容保存到文件"C:\\file1. txt"中。效果如图 1－79所示。

　　要求　根据要求设计窗体；将窗体保存为 f6－1. frm，工程保存为 p6－1. vbp。

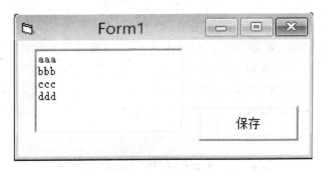

图 1-79　文件保存

【题目 2】　假定在当前目录下有一个名为 file1. txt 文本文件，其中有若干行文本，请编写程序统计其中文本的行数。

　　要求　根据要求设计窗体；将窗体保存为 f6－2. frm，工程保存为 p6－2. vbp。

【题目 3】　假定在 C 盘有一个名为 1. txt 文本文件，如图 1－80 所示，其中有若干整数。请编写程序，实现将文件中的内容读出来并排序。当点击"读取"按钮实现将文本文件的内容读取到一个数组中；点击"排序"按钮实现对数组的排序，并打印出来，运行效果如图1－81所示。

　　要求　根据要求设计窗体；将窗体保存为 f6－3. frm，工程保存为 p6－3. vbp。

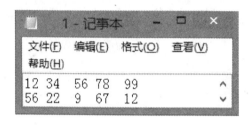

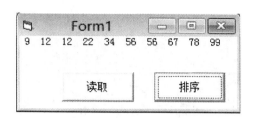

图 1－80　文本文件的内容　　　　　　　图 1－81　程序运行效果

【题目 4】　从 file1 中读取 10 个整数,统计它们的和,并把结果保存到 file2 中。运行效果如图 1－82 所示。

要求　根据要求设计窗体;将窗体保存为 f6－4. frm,工程保存为 p6－4. vbp。

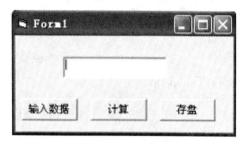

图 1－82　统计和

【题目 5】　在窗体上建立三个菜单(名称分别为 Read、Calc 和 Save,标题分别为"读入数据"、"计算并输出"和"存盘"),然后再添加一个文本框,名称为 Text1,MultiLine 属性设置为 True,scrollBars 属性设置为 2(如图 1－83 所示)。

要求　如果单击"读入数据"按钮,则读入 datain1. txt 文件中的 100 个整数,放入一个数组中,数组的下界为 1;如果单击"计算并输出"按钮,则把该数组中下标为偶数的元素在文本框中显示出来,求出它们的和,并把所求得的和在窗体上显示出来;如果单击"存盘"按钮,则把所求得的和存入 dataout. txt 文件中。将窗体保存为 f6－5. frm,工程保存为 p6－5. vbp。

图 1－83　菜单统计和

【**题目 6**】 假定在当前目录下有一个名为 file1.dat 随机文件,其中共有 3 条记录,每个记录包括 2 个字段,分别为姓名和性别,信息如表 1－5 所示;如果单击"写入"按钮,则把 3 条记录写入 file1.dat;如果单击"读取"按钮,则把所有记录中的姓名按顺序显示在窗体上,运行效果如图 1－84 所示。

要求 根据要求设计窗体;将窗体保存为 f6－6.frm,工程保存为 p6－6.vbp。

表 1－5

记录类型定义为:	记录内容为
Private Type StudInfo 　　Name As String * 8 　　Sex As String * 4 End Type	Tom boy Jerry boy Mary girl

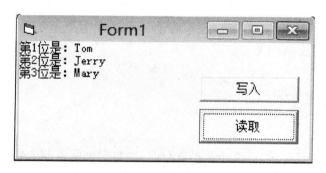

图 1－84 程序运行效果

【**题目 7**】 在名称为 Form1 的窗体上添加一个名称为 Drive1 的驱动器列表框,一个名称为 Dir1 的目录列表框,一个名称为 File1 的文件列表框,一个名称为 Label1.标题为"文件名"的标签和一个名称为 Label2、BorderStyle 为 1 的标签。将窗体的标题设置为"文件系统控件",如图 1－85 所示。

要求 使得这三个文件系统控件可以同步变化,即当驱动器列表框中显示的内容发生变化时,目录列表框和文件列表框中显示的内容同时发生变化。单击文件列表框时,将在 Label2 中显示选中的文件名。将窗体保存为 f6－7.frm,工程保存为 p6－7.vbp。

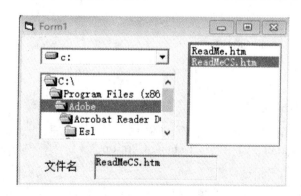

图 1－85 文件控件设置

五、思考题

1. 在窗体上添加一个文本框和一个命令按钮。单击命令按钮,即可计算出 0 ~100 范围内所有偶数的平方和,将结果显示在文本框中同时保存到 out. txt 文件中。在窗体的代码窗口中,已给出了部分程序,其中计算偶数平方和的操作在通用过程 Fun 中实现,请编写该过程的代码。

```
Sub SaveData()
    Open App. Path & "\\" & "outtxt. txt" For _____ As #1
    Print #1, Text1. Text
    Close #1
End Sub
Function Fun()
    '请完善
End Function
Private Sub Command1 Click()
    d= Fun()
    Text1. Text= d
    Call SaveData
End Sub
```

2. 从 in1. txt 文件中读入 40 个数据,统计这些数据中偶数的个数,并找出其中最小的偶数。最后将查找和统计的结果分别显示在 Text1 和 Text2 中。程序不完整,请在指定的位置把程序补充完整。

```
Private arr(100) As Integer
Private Sub Command1 Click()
    Open App. Path & "\\in1. txt" For _____ As #1
    For i = 1 To 40
        Input #1, _____
    Next i
    Close #1
End Sub
Private Sub Command2 Click()
    '请完善
Next
Private Sub Command3 Click()
    Open App. Path & "\\out5. txt" For _____ As #1
    Print #1, Label3. Caption, Label4. Caption
    Close #1
End Sub
```

第二部分

习题部分

第一次习题 （VB程序设计概述）

班级_____ 学号_____ 姓名_____ 批阅_____

一、选择题

1. 在 Visual Basic 集成环境中，可以列出工程中所有模块名称的窗口是_____。
   A. 工程资源管理器 B. 窗体设计窗口 C. 属性窗口 D. 代码窗口

2. 在 Visual Basic 集成环境中，要添加一个窗体，可以单击工具栏上的一个按钮，这个按钮是_____。
   A. 🖼️ B. 📋 C. 🗔 D. 🗎

3. 在 Visual Basic 集成环境的设计模式下，用鼠标双击窗体上的某个控件打开的窗口是_____。
   A. 工程资源管理器窗口 B. 属性窗口
   C. 工具箱窗口 D. 代码窗口

4. 在设计阶段，当按 Ctrl＋R 键时，所打开的窗口是_____。
   A. 代码窗口 B. 工具箱窗口
   C. 工程资源管理器窗口 D. 属性窗口

5. 以下叙述中错误的是_____。
   A. 在工程资源管理器窗口中只能包含一个工程文件及属于该工程的其他文件
   B. 以 .bas 为扩展名的文件是标准模块文件
   C. 窗体文件包含该窗体及其控件的属性
   D. 一个工程中可以有多个标准模块文件

6. 以下叙述中错误的是_____。
   A. 打开一个工程文件时，系统自动装入与该工程有关的窗体、标准模块等文件
   B. 保存 Visual Basic 程序时，应分别保存窗体文件及工程文件
   C. Visual Basic 应用程序只能以解释方式执行
   D. 事件可以由用户引发，也可以由系统引发

7. 下列叙述错误的是_____。
   A. VB 是可视化程序设计语言 B. VB 采用事件驱动编程机制
   C. VB 是面向过程的程序设计语言 D. VB 应用程序可以以编译方式执行

8. 以下叙述错误的是_____。
   A. vbp 文件是工程文件，一个工程可以包含 .bas 文件
   B. frm 文件是窗体文件，一个窗体可以包含 .bas 文件
   C. vbp 文件是工程文件，一个工程文件可以由多个 .frm 文件组成
   D. vbg 文件是工程组文件，一个工程组可以由多个工程组成

9. 保存一个工程至少应保存两个文件，这两个文件分别是_____。
   A. 文本文件和工程文件 B. 窗体文件和工程文件
   C. 窗体文件和标准模块文件 D. 类模块文件和工程文件

二、简答题

1. 修改属性的方法有两种，是哪两种？ 有何区别？

第二次习题 （VB可视化编程基础）

班级＿＿＿＿＿＿＿＿ 学号＿＿＿＿＿＿＿＿ 姓名＿＿＿＿＿＿＿＿ 批阅＿＿＿＿＿＿＿＿

一、选择题

1. 在窗体上画一个图片框，在图片框中画一个命令按钮，位置如图2－1所示。

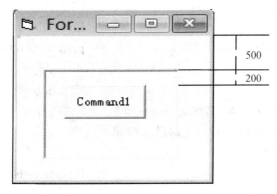

图2－1　命令按钮的 Top 属性值

则命令按钮的 Top 属性值是＿＿＿＿＿＿＿＿。

  A. 200   B. 300   C. 500   D. 700

2. 以下关于窗体的叙述中错误的是＿＿＿＿＿＿＿＿。

  A. 窗体的 Name 属性用于标识一个窗体

  B. 运行程序时，改变窗体大小，能够触发窗体的 Resize 事件

  C. 窗体的 Enabled 属性为 False 时，不能响应单击窗体的事件

  D. 程序运行期间，可以改变 Name 属性值

3. 以下描述中错误的是＿＿＿＿＿＿＿＿。

  A. 窗体的标题通过其 Caption 属性设置

  B. 窗体的名称（Name 属性）可以在运行期间修改

  C. 窗体的背景图形通过其 Picture 属性设置

  D. 窗体最小化时的图标通过其 Icon 属性设置

4. 设窗体的名称为 Form1，标题为 Win，则窗体的 MouseDown 事件过程的过程名是＿＿＿＿＿＿＿＿。

  A. Form1_MouseDown   B. Win_MouseDown

  C. Form_MouseDown   D. MouseDown_Form1

5. 假定编写了如下4个窗体事件的事件过程，则运行应用程序并显示窗体后，已经执行的事件过程是＿＿＿＿＿＿＿＿。

  A. Load   B. Click   C. LostFocus   D. KeyPress

6. 设窗体中有一个文本框 Text1，若在程序中执行了 Text1. SetFocus，则触发＿＿＿＿＿＿＿＿。

　　A. Text1 的 SetFocus 事件　　　　　　　B. Text1 的 GotFocus 事件
　　C. Text1 的 LostFocus 事件　　　　　　　D. 窗体的 GotFocus 事件

7. 为了使标签具有"透明"的显示效果,需要设置的属性是_____。

　　A. Caption　　　　B. Alignment　　　　C. BackStyle　　　D. AutoSize

8. 窗体 Form1 上有一个名称为 Command1 的命令按钮,以下对应窗体单击事件的事件过程是_____。

　　A. private Sub Form1_Click()　　　　　B. private Sub Form_Click()
　　　　　　…　　　　　　　　　　　　　　　　　　…
　　　　End Sub　　　　　　　　　　　　　　　End Sub
　　C. private Sub Command1_Click()　　　D. private Sub Command_Click()
　　　　　　…　　　　　　　　　　　　　　　　　　…
　　　　End Sub　　　　　　　　　　　　　　　End Sub

9. 在窗体上画一个文本框(名称为 Text1)和一个标签(名称为 Label1),程序运行后,如果在文本框中输入文本,则标签中立即显示相同的内容。以下可以实现上述操作的事件过程是_____。

　　A. Private Sub Text1_Change()　　　　B. Private Sub Label1_Change()
　　　　　Label1. Caption＝Text1. Text　　　　　Label1. Caption＝Text1. Text
　　　　End Sub　　　　　　　　　　　　　　　End Sub
　　C. Private Sub Text1_Click()　　　　　D. Private Sub Label1_Click()
　　　　　Label1. Caption＝Text1. Text　　　　　Label1. Caption＝Text1. Text
　　　　End Sub　　　　　　　　　　　　　　　End Sub

10. 设在窗体上有一个名称为 Command1 的命令按钮和一个名称为 Text1 的文本框。要求单击 Command1 按钮时可把光标移到文本框中。下列正确的事件过程是_____。

　　A. Private Sub Command1_Click( )　　　B. Private Sub Command1_Click( )
　　　　　Text1. GotFocus　　　　　　　　　　　Command1. GotFocus
　　　　End Sub　　　　　　　　　　　　　　　End Sub
　　C. Private Sub Command1_Click( )　　　D. Private Sub Command1_Click( )
　　　　　Text1. SetFocus　　　　　　　　　　　Command1. SetFocus
　　　　End Sub　　　　　　　　　　　　　　　End sub

二、填空题

1. 为了使标签能自动调整大小以显示标题(Caption 属性)的全部文本内容,应把该标签的_____属性设置为 True。

2. 设计界面时,要使一个文本框具有水平和垂直滚动条,应先将其_____属性置为 True,再将 ScrollBar 属性设置为 3。

3. 将文本框设置为密码框,应该修改属性_____为 * 。

第三次习题 （VB 语言基础）

班级＿＿＿＿＿＿　学号＿＿＿＿＿＿　姓名＿＿＿＿＿＿　批阅＿＿＿＿＿＿

一、选择题

＊＊变量部分＊＊

1. 以下合法的 VB 变量名是哪些＿＿＿＿＿＿。（多选）
   A. case　　　　　　B. name10　　　　　C. t－name　　　　　D. x＊y
   E. A≠A　　　　　　F. 4ABC　　　　　　G. ？xy　　　　　　　H. Print_Text

2. 设有如下变量声明语句：Dim a，b As Boolean 则下面叙述中正确的是＿＿＿＿＿＿。
   A. a 和 b 都是布尔型变量　　　　　　B. a 是变体型变量，b 是布尔型变量
   C. a 是整型变量，b 是布尔型变量　　　D. a 和 b 都是变体型变量

3. 设窗体文件中有下面的事件过程：
   Private Sub Command1_Click()
   　　　Dim s　：　　a%＝100　：　　Print a
   End Sub
   其中变量 a 和 s 的数据类型分别是＿＿＿＿＿＿。
   A. 整型，整型　　　　　　　　　　　B. 变体型，变体型
   C. 整型，变体型　　　　　　　　　　D. 变体型，整型

＊＊运算符和表达式部分＊＊

4. 表达式 4＋6 \\ 5 ＊ 7 / 9 Mod 3 的值是＿＿＿＿＿＿。
   A. 4　　　　　　　　B. 5　　　　　　　　C. 6　　　　　　　　D. 7

5. 判断整型变量 x 是奇数的表达式是＿＿＿＿＿＿。
   A. x Mod 2 ＜＞ 0　　　　　　　　　B. x Mod 2！＝0
   C. x Mod 2≠0　　　　　　　　　　　D. x Mod 2＝0

6. 下列能够正确表示条件"X≤Y＜Z"的 VB 逻辑表达式是＿＿＿＿＿＿。
   A. X≤Y＜Z　　　　　　　　　　　　B. X＜＝Y　And　Y＜Z
   C. X≤Y　OR　Y＜Z　　　　　　　　D. X＜＝Y＜Z

7. 设 a＝6　b＝5　c＝－2　执行语句 Print a＞b＞c 后窗体上显示的是＿＿＿＿＿＿。
   A. 1　　　　　　　　　　　　　　　B. True
   C. False　　　　　　　　　　　　　D. 出错信息

＊＊常用函数部分＊＊

8. 语句 Print Sgn(－6^2)＋ Abs(－6^2)＋Int(－6^2)的输出结果是＿＿＿＿＿＿。
   A. －36　　　　　　B. 1　　　　　　　　C. －1　　　　　　　D. －72

9. 表达式 Fix(5.6)＋Int(－5.6)的值是＿＿＿＿＿＿。
   A. 0　　　　　　　　B. －1　　　　　　　C. 1　　　　　　　　D. 以上都不对

10. 表达式 Int(Rnd( ) * 50)所产生的随机数范围是_____。
　　A. [0,50] 　　　　B. [1,50] 　　　　C. [0,49] 　　　　D. [1,49]

11. 在窗体上画两个名称分别为 Text1、Text2 的文本框。Text1 的 Text 属性为 "Database",如图所示。

现有如下事件过程:
　　Private Sub Text1_Change( )
　　　　Text2. Text＝Mid(Text1,1,5)
　　End Sub

运行程序,在文本框 Text1 中原有字符之前输入 a,Text2 中显示的是:_____。
　　A. DataA 　　　　B. DataB 　　　　C. aData 　　　　D. aBase

二、把下列算术表达式写成 VB 表达式

1. $|x+y|+z^5$

2. $\dfrac{10x+\sqrt{3y}}{xy}$

3. $\dfrac{\sin 30°+\sqrt{\ln x+y}}{2\pi+e^{x+y}}$

三、根据条件写出相应的 VB 表达式

1. 产生"A"～"D"范围内的一个大写字符。

2. 产生一个两位的整数。

3. 表示 x 是 5 或 7 的倍数。

4. 将任意一个两位数 x 的个位与十位对调。例如,$x＝78$,则表达式的值应为 87。

四、写出下列表达式的值

1. 123＋23 mod 10 \\ 7＋asc("A")

2. 10＋"20" & 30

3. Len（"VB 程序设计"）

4. 已知 A $=$ "87654321"，
(1) 表达式 Val(Left(A,4)+Mid(A,4,2))的值
(2) 表达式 Val(Left(A,4))+Val(Mid(A,4,2))的值

5. 已知 A $=$ "Visual Basic Programming"，B $=$ "C++"
表达式 Ucase(Left $(a,7)) $ & b & Right $(a,12)$的值

6. format(12345,"000.00")

第四次习题 (VB控制结构)

班级＿＿＿＿＿　　学号＿＿＿＿＿　　姓名＿＿＿＿＿　　批阅＿＿＿＿＿

一、选择题

＊＊顺序结构部分＊＊

1. 下面程序运行时，若输入 395，则输出结果是＿＿＿＿。

   ```
   Private Sub Command1_Click()
           Dim x%
           x＝InputBox("请输入一个3位整数")
           Print x Mod 10,x\\100,(x Mod 100)\\10
   End Sub
   ```
   A. 3 9 5　　　　B. 5 3 9　　　　C. 5 9 3　　　　D. 3 5 9

2. 设程序中有如下语句：

   ```
   X＝inputbox("输入","数据",100)
   Print X
   ```
   运行程序，执行上述语句，输入 5 并单击输入对话框上的"取消"按钮，则窗体上输出＿＿＿＿。
   A. 0　　　　B. 5　　　　C. 100　　　　D. 空白

3. 在窗体上画一个名称为 Command 1 的命令按钮。单击命令按钮时执行如下事件过程：

   ```
   Private Sub Command 1_Click()
      a＄＝"software and hardware"
      b＄＝Right(a＄,8)
      c＄＝Mid(a＄,1,8)
      MsgBox a＄,b＄,c＄,1
   End Sub
   ```
   则在弹出的信息框标题栏中显示的标题是＿＿＿＿。
   A. software and hardware　　　　B. hardware
   C. software　　　　D. 1

4. 在窗体上画一个命令按钮，然后编写如下事件过程：

   ```
   Private Sub Command1_Click()
           MsgBox Str(123＋321)
   End Sub
   ```
   程序运行后，单击命令按钮，则在信息框中显示的提示信息为＿＿＿＿。
   A. 字符串"123＋321"　　　　B. 字符串"444"
   C. 数值"444"　　　　D. 空白

5. 设 x＝5，执行语句 Print x＝x＋10，窗体上显示的是＿＿＿＿。

A. 15   B. 5   C. True   D. False

＊＊选择结构部分＊＊

6. 设 x 是整型变量,与函数 IIf(x ＞ 0, －x, x)有相同结果的代数式是_____。
   A. |x| B. －|x| C. x   D. －x

7. 与 If Option1. value＝true Then 这条语句不等价的是_____。
   A. If option1. value Then   B. If option1＝true
   C. If value＝true Then   D. If option1 then

8. 设窗体上有一个名为 Text1 的文本框和一个名为 Comamand1 的命令按钮,并有以下事件过程:

```
Private Sub Command1_Click()
    x! ＝Val(text1. text)
    Select Case x
        Case Is＜－10,Is＞＝20
            Print "输入错误"
        Case Is＜0
            Print 20－x
        Case Is＜10
            Print 20
        Case Is＜＝20
            Print x＋10
    End Select
End Sub
```

程序运行时,如果在文本框中输入－5,则单击命令按钮后输出结果是_____。
   A. 5   B. 20   C. 25   D. 输入错误

9. 设有分段函数:

$$Y=\begin{cases} 5 & x＜0 \\ x*22*x & 0\leqslant x\leqslant5 \\ x*x+1 & x＞5 \end{cases}$$

以下表示上述分段函数的语句序列中错误的是_____。

```
A. Select Case x
    Case Is＜0
        Y＝5
    Case Is ＜＝5,Is＞0
        Y＝2*x
    Case else
        Y＝x*x+1
   End select
```

  B. If x<0 Then

     y=5

    Elseif x<=5 Then

     y=2 * x

    Else

     y=x * x+1

    End if

  C. y=IIf(x<0,5,IIf(x<=5,2 * x,x * x+1))

  D. If x<0 Then y=5

    If x<=5 and x>=0 then y=2 * x

    If x>5 then y=x * x+1

  ＊＊For 循环结构部分＊＊

10. 设有如下程序：

  Private Sub Form_Click()

    Dim s As Long, f As Long

    Dim n As Integer，i As Integer

    f=1

    n=4

    For i=1 To n

     f=f * i

     s=s+f

    Next i

    Print s

  End Sub

程序运行后，单击窗体，输出结果是_____。

  A. 32   B. 33   C. 34   D. 35

11. 下面程序的执行结果是_____。

  Private Sub Command1_Click()

    a=10

    For k=1 To 5 Step －1

     a=a－k

    Next k

    Print a;k

  End Sub

  A. －5 6   B. －5 －5   C. 10 0   D. 10 1

12. 在窗体上画 1 个命令按钮，并编写如下事件过程：

运行程序，单击命令按钮，窗体上显示的内容为：

  Private Sub Command1_Click()

    For i=5 To 1 Step －0.8

```
            Print Int(i);
        Next i
    End Sub
```

  A. 5 4 3 2 1 1   B. 5 4 3 2 1

  C. 4 3 2 1 1   D. 4 4 3 2 1 1

13. 设有如下程序：

```
Private Sub Form_Click()
    Dim i As Integer，x As String，y As String
    x="ABCDEFG"
    For i=4 To 1 Step －1
        y=Mid(x，i，i)+y
    Next i
    Print y
End Sub
```

程序运行后,单击窗体,输出结果是_____。

  A. ABCCDEDEFG   B. AABBCDEFG

  C. ABCDEFG   D. AABBCCDDEEFFGG

 14. 在窗体上画一个名称为 Text1 的文本框和一个名称为 Command1 的命令按钮,然后编写如下事件过程：

```
Private Sub Command1_Click()
    Dim i As Integer，n As Integer
    For i=0 To 50
        i=i+3
        n=n+1
        If i > 10 Then Exit For
    Next i
    Text1. Text=Str(n)
End Sub
```

程序运行后,单击命令按钮,在文本框中显示的值是_____。

  A. 2   B. 3   C. 4   D. 5

 15. 设有如下程序：

```
Private Sub Form_Click()
    Cls
    a$ ="123456"
    For i=1 To 6
        Print Tab(12 － i);[空]
    Next i
End Sub
```

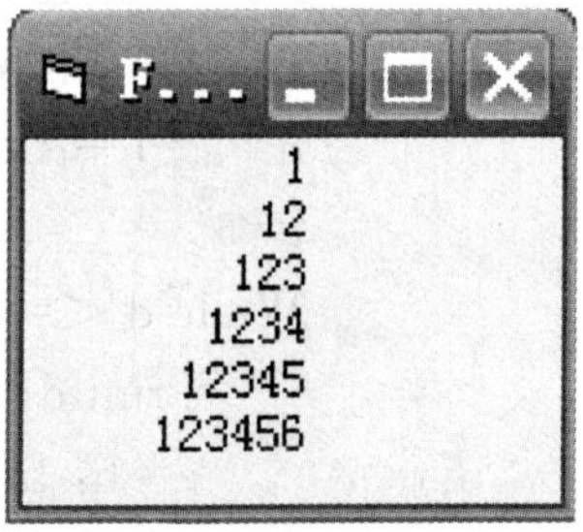

程序运行后,单击窗体,要求结果如图 2－2 所示,则在[空]处应填入的内容为_____。

图 2－2 单击后显示

A. Left(a $, i)　　　　　　　　　　　B. Mid(a $, 8 － i, i)

C. Right(a $, i)　　　　　　　　　　 D. Mid(a $, 7, i)

＊＊Do 循环结构部分＊＊

16. 以下程序：

```
Private Sub Form_Click()
    a＝1：b＝a
    Do Until a >= 5
        x＝a * b
        Print b；x
        a＝a＋b
        b＝b＋a
    Loop
End Sub
```

程序运行后,单击窗体,输出结果是_____。

A. 11　　　　　　　B. 11　　　　　　　C. 11　　　　　　　D. 11

　23　　　　　　　　　24　　　　　　　　38　　　　　　　　36

17. 以下程序段的输出结果是_____。

```
x＝1
y＝4
Do Until y>4
    x＝x * y
    y＝y＋1
Loop
Print x
```

A. 1　　　　　　　B. 4　　　　　　　C. 8　　　　　　　D. 20

18. 有一个数列,它的前 3 个数为 0,1,1,此后的每个数都是其前面 3 个数之和,即 0, 1,1,2,4,7,13,24,…。要求编写程序输出该数列中所有不超过 1000 的数。某人编写程序如下：

```
Private Sub Form_Click()
    Dim i As Integer, a As Integer, b As Integer
    Dim c As Integer, d As Integer
    a＝0：b＝1：c＝1
    d＝a＋b＋c
    i＝5
    While d <= 1000
        Print d；
        a＝b：b＝c：c＝d
        d＝a＋b＋c
        i＝i＋1
```

```
        Wend
    End Sub
```

运行上面的程序,发现输出的数列不完整,应进行修改。以下正确的修改是_____。

　　A. 把 While d $\leq$ 1000 改为 While d $>$ 1000

　　B. 把 i＝5 改为 i＝4

　　C. 把 i＝i＋1 移到 While d $\leq$ 1000 的下面

　　D. 在 i＝5 的上面增加一个语句:Print a;b;c;

19. 有人编写了如下的程序:

```
Private Sub Form_Click()
        Dim s As Integer，x As Integer
        s＝0
        x＝0
        Do While s＝10000
            x＝x＋1
            s＝s＋x^2
        Loop
        Print s
    End Sub
```

上述程序的功能是:计算 s＝1＋2^2＋3^2＋…＋n^2＋…,直到 s＞10000 为止。程序运行后,发现得不到正确的结果,必须进行修改。下列修改中正确的是_____。

　　A. 把 x＝0 改为 x＝1

　　B. 把 Do While s＝10000 改为 Do While s $\leq$ 10000

　　C. 把 Do While s＝10000 改为 Do While s $>$ 10000

　　D. 交换 x＝x＋1 和 s＝s＋x^2 的位置

＊＊循环嵌套部分＊＊

20. 假定有以下程序段:

```
For i＝1 To 3
        For j＝5 To 1 Step －1
            Print i＊j
        Next
    Next
```

则语句 Print i＊j 的执行次数是_____。

　　A. 15　　　　　　B. 16　　　　　　C. 17　　　　　　D. 18

21. 请阅读程序:

```
Private Sub Form_ Click()
    m＝1
    For i＝4 To 1 Step －1
        Print Str(m);
        m＝m＋1
```

```
            For j＝1 To i
                Print  " * ";
            Next j
            Print
        Next i
    End Sub
```
程序运行后，单击窗体，则输出结果是_____。

A. 1 * * * *	B. 4 * * * *	C. * * * *	D. *
2 * * *	3 * * *	* * *	* *
3 * *	2 * *	* *	* * *
4 *	1 *	*	* * * *

22. 有如下事件过程：

```
    Private Sub Form Click()
        Dim n as Integer
        x＝0
        n＝InputBox("请输入一个整数")
        For i＝1 To  n
            For j＝1 To i
                x＝x+1
            Next j
        Next i
        Print x
    End Sub
```
程序运行后，单击窗体，如果在输入对话框中输入 5，则在窗体上显示的内容是_____。

     A. 13   B. 14   C. 15   D. 16

23. 设有如下程序

```
    Private Sub Command1_Click()
        x＝10 ：y＝0
        For i＝1 to 5
            Do
                x＝x-2
                y＝y+2
            Loop Until y＞5 Or x＜-1
        Next
    End Sub
```
运行程序，其中 Do 循环执行的次数是_____。

     A. 15   B. 10   C. 7   D. 3

二、填空题

1. 在窗体上画 一个命令按钮，其名称为 Command1，然后编写如下事件过程：

```
Private Sub Command1_Click()
    Dim n As Integer
    n＝Val(InputBox("请输入一个整数："))
    If n Mod 3＝0 And n Mod 2＝0 And n Mod 5＝0 Then
        Print n＋10
    End If
End Sub
```

程序运行后，单击命令按钮，在输入对话框中输入 60，则输出结果是_____。

2. 在窗体上画一个命令按钮，其名称为 Command1，然后编写如下事件过程：

```
Private Sub Command1_Click()
    x＝1
    Result＝1
    While x ＜＝ 10
        Result ＝_____
        x＝x＋1
    Wend
    Print Result
End Sub
```

上述事件过程用来计算 10 的阶乘，请填空。

3. 在窗体上画一个命令按钮，其名称为 Command1，然后编写如下事件过程：

```
Private Sub Command1_Click()
    t＝0：m＝1：Sum＝0
    Do
        t＝t＋_____
        Sum＝Sum ＋_____
        m＝m＋2
    Loop While _____
    Print Sum
End Sub
```

该程序的功能是，单击命令按钮，则计算并输出以下表达式的值：
$1＋(1＋3)＋(1＋3＋5)＋\cdots+(1＋3＋5＋\cdots+39)$请填空。

三、程序设计题

1. 编写程序求下面函数的值。

$$Y=\begin{cases} 2-x & x\leqslant 0 \\ x+2 & 0<x\leqslant 2 \\ x^2 & 2<x\leqslant 5 \\ 25-x & x>5 \end{cases}$$

2. 编写程序,计算 1+3+5+……+99 的值。

3. 从键盘输入一个字符串,统计其中出现"a"和"c"的个数,如输入"abcaabbc",则"a"的个数为 3,"c"的个数为 2。

4. 从键盘输入一个整数,并在窗体上显示此整数的所有不同因子和因子个数。如:8 的所有因子为 1、2、4,因子个数为 3 个。

5. 编写程序，求一字符串的反序串（如 abcd 的反序串为 dcba）。

6. 输入一个正整数，判断其是否为素数（只能被 1 和自身整除的正整数）。

7. 实现对分数约分的功能。输入 m、n,求 $\frac{m}{n}$ 约分后的分子和分母分别为多少。

8. 输入一个(0~255)之间的十进制正整数,将其转换为 8 位二进制数,如:输入 7 转换为 00000111。

第五次习题 （数组和自定义类型）

班级＿＿＿＿＿＿ 学号＿＿＿＿＿＿ 姓名＿＿＿＿＿＿ 批阅＿＿＿＿＿＿

一、选择题

＊＊一维数组部分＊＊

1. 默认情况下，下面声明的数组的元素个数是＿＿＿＿＿＿。

    Dim a(5,－2 to 2)

    A. 20   B. 24   C. 25   D. 30

2. 设有如下数组声明语句：

    Dim arr(－2 to 2,0 to 3) AS Integer

    该数组所包含的数组元素个数是＿＿＿＿＿＿。

    A. 20   B. 16   C. 15   D. 12

3. 下面的语句用 Array 函数为数组变量 a 的各元素赋整数值：

    a＝Array(1，2，3，4，5，6，7，8，9)

    针对 a 的声明语句应该是＿＿＿＿＿＿。

    A. Dim a   B. Dim a As Integer

    C. Dim a(9) As Integer   D. Dim a() As Integer

3. 阅读程序

    ```
    Private Sub Command1_CLIck()
      Dim arr
      Dim i As Integer
      arr＝Array(0,1,2,3,4,5,6,7,8,9,10)
      For i＝0 to 2
        Print arr(7－i);
      Next
    End Sub
    ```

    程序运行后,窗体上显示的是＿＿＿＿＿＿。

    A. 8 7 6   B. 7 6 5

    C. 6 5 4   D. 5 4 3

4. 现有如下一段程序：

    ```
    Option Base 1
    Private Sub Command1_Click()
      Dim a
      a＝Array(3,5,7,9)
      x＝1
      For i＝4 to 1 Step －1
        s＝s＋ a(i) ＊ x
    ```

```
        x＝x＊10
    Next
    Print s
End Sub
```

执行程序,单击 Command1 命令按钮,执行上述事件过程,输出结果是_____。

　　A. 9753　　　　　　B. 3579　　　　　C. 35　　　　　D. 79

5. 设有如下程序:

```
Private Sub Form_Click()
    Dim ary(1 To 5) As Integer
    Dim i As Integer
    Dim sum As Integer
    For i＝1 To 5
        ary(i)＝i＋1
        sum＝sum＋ary(i)
    Next i
    Print sum
End Sub
```

程序运行后,单击窗体,则在窗体上显示的是_____。

　　A. 15　　　　　　B. 16　　　　　C. 20　　　　　D. 25

6. 在窗体上画一个名为 Command1 的命令按钮,然后编写以下程序:

```
Private Sub Command1_Click()
    Dim a(10) as integer
    For k＝10 to 1 Step －1
        a(k)＝20－2＊k
    Next k
    k＝k＋7
    Print a(k－a(k))
End Sub
```

运行程序后,单击命令按钮,输出结果是_____。

　　A. 18　　　　　　B. 12　　　　　C. 8　　　　　D. 6

7. 窗体上有一个名为 Command1 的命令按钮,并有如下程序:

```
Private Command1_Click()
    Dim a(10),x％
    For k＝1 to 10
        a(k)＝Int(Rnd＊90＋10)
        x＝x＋a(k) Mod 2
    Next k
    print x
End Sub
```

程序运行后,单击命令按钮. 输出结果是_____。

    A. 10 个数中奇数的个数　　　　　　B. 10 个数中偶数的个数

    C. 10 个数中奇数的累加和　　　　　D. 10 个数中偶数的累加和

8. 在窗体上画一个命令按钮(其名称为 Commandl),然后编写如下代码:

```
Private Sub Command l_Click()
    Dim a
    a＝Array(1,2,3,4)
    i＝3 ;j＝1
    Do While i＞=0
     s＝s＋a(i) * j
       i＝i－1
       j＝j * 10
    Loop
    Print s
End Sub
```

运行上面的程序,单击命令按钮,则输出结果是_____。

    A. 4321　　　　　B. 123　　　　　C. 234　　　　　D. 1234

9. 下面程序运行时,若输入"Visual Basic Programming",则在窗体上输出的是_____。

```
Private Sub Command1_Click()
    Dim count(25) As Integer, ch As String
    ch＝Ucase(InputBox("请输入字母字符串"))
    For k＝1 To Len(ch)
        n＝Asc(Mid(ch,k,1))－Asc("A")
        If n＞=0 Then
            Count(n)＝Count(n)＋ 1
        End If
    Next k
    m＝count(0)
    For k＝1 To 25
        If m then
            m＝count(k)
        End If
    Next k
    Print m
End Sub
```

    A. 0　　　　　B. 1　　　　　C. 2　　　　　D. 3

10. 设有如下程序段

```
Dim a(10)
...
For Each x In a
  print x;
```

```
next x
```
在上面的程序段中,变量 x 必须是_____。
    A. 整型变量   B. 变体型变量   C. 动态数组   D. 静态数组

＊＊二维数组部分＊＊

11. 请阅读程序:

```
Option Base 1
Private Sub Form_ Click()
Dim Arr(4，4)As Integer
For i＝1 To 4
    For j＝i To 4
        Arr(i, j)＝(i － 1) ＊ 2＋j
    Next j
Next i
For i＝3 To 4
    For j＝3 To 4
        Print Arr(j, i);
    Next j
    Print
Next i
End Sub
```
程序运行后,单击窗体,则输出结果是_____。
    A. 5 7   B. 6 8   C. 7 9   D. 8 10
       6 8   7 9   8 10   8 11

＊＊动态数组部分＊＊

12. 下面正确使用动态数组的是_____。
    A. Dim arr( ) As Integer   B. Dim arr( ) As Integer
       …   …
       ReDim arr(3,5)   ReDim arr(50)As String
    C. Dim arr( )   D. Dim arr(50) As Integer
       …   …
       ReDim arr(50) As Integer   ReDim arr(20)

＊＊控件数组部分＊＊

13. 设窗体上有一个命令按钮数组,能够区分数组中各个按钮的属性是_____。
    A. Name   B. Index   C. Caption   D. Left

14. 以下说法中错误的是_____。
    A. 如果把一个命令按钮的 Default 属性设置为 True,则按回车键与单击该命令按钮的作用相同

B. 可以用多个命令按钮组成命令按钮数组

C. 命令按钮只能识别单击(Click)事件

D. 通过设置命令按钮的 Enabled 属性,可以使该命令按钮有效或禁用

＊＊列表框组合框部分＊＊

15. 若要获得组合框中输入的数据,可使用的属性是_____。

    A. Listindex   B. Caption   C. Text   D. List

16. 窗体上有一个名称为 Cb1 的组合框,程序运行后,为了输出选中的列表项,应使用的语句是_____。

    A. Print Cb1. Selected   B. Print Cb1. List(Cb1. ListIndex)

    C. Print Cb1. Selected. Text   D. Print Cb1. List(ListIndex)

17. 下列叙述中错误的是_____。

    A. 列表框与组合框都有 List 属性

    B. 列表框有 Selected 属性,而组合框没有

    C. 列表框和组合框都有 Style 属性

    D. 组合框有 Text 属性、而列表框没有

18. 在窗体上画一个名称为 List1 的列表框,列表框中显示若干城市的名称。当单击列表框中的某个城市名时,该城市名消失。下列在 List_Click 事件过程中能正确实现上述功能的语句是_____。

    A. List1. RemoveItem List1. Text   B. List1. RemoveItem List1. Clear

    C. List1. RemoveItem List1. ListCount   D. List1. RemoveItem List1. ListIndex

19. 列表框中的项目保存在一个数组中,这个数组的名字是_____。

    A. Column   B. Style   C. List   D. MultiSelect

20. 设窗体上有一个名为 List1 的列表框,并编写下面的事件过程:

```
Private Sub List1_Click()
    Dim ch As String
    ch=List1. List(List1. ListIndex)
    List1. RemoveItem List1. ListIndex
    List1. AddItem ch
End Sub
```

程序运行时,单击一个列表项,则产生的结果是_____。

    A. 该列表项被移到列表的最前面

    B. 该列表项被删除

    C. 该列表项被移到列表的最后面

    D. 该列表项被删除后又在原位置插入

＊＊自定义类型部分＊＊

21. 若在窗体模块的声明部分声明了如下自定义类型和数组

    Private Type rec

        Code As Integer

```
        Caption As String
    End Type
    Dim arr(5) As rec
```

则下面的输出语句中正确的是_____。

  A. Print arr. Code(2),arr. Caption(2)   B. Print arr. Code,arr. Caption

  C. Print arr(2). Code,arr(2). Caption   D. Print Code(2),Caption(2)

22. 有如下程序:

```
    Private Type stu
        X As String
        Y As Integer
    End Type
    Private Sub Command1_Click()
        Dim a As stu
        a. x="ABCD"
        a. y=12345
        Print a
    End Sub
```

程序运行时出现错误,错误的原因是_____。

  A. Type 定义语句没有放在标准模块中

  B. 变量声明语句有错

  C. 赋值语句不对

  D. 输出语句 Print 不对

二、填空题

1. 在窗体上画一个命令按钮(其 Name 属性为 Command1),然后编写如下代码:

```
    Private Sub Command1_Click()
        Dim M(10) As Integer
        For k=1 To 10
            M(k)=12 - k
        Next k
        x=6
        Print M(2+M(x))
    End Sub
```

程序运行后,单击命令按钮,输出结果是_____。

2. 在窗体上画一个命令按钮(其 Name 属性为 Command1),然后编写如下代码:

```
    Private Sub Command1_Click()
        Dim a1(4) As Integer, a2(4) As Integer
        For k=0 To 2
            a1(k+1)=InputBox("请输入一个整数")
            a2(3 - k)=a1(k+1)
        Next k
```

```
        Print a2(k)
    End Sub
```
程序运行后,单击命令按钮,在输入对话框中依次输入 2、4、6,则输出结果为_____。

3. 设有命令按钮 Command1 的单击事件过程,代码如下:
```
    Private Sub Command1_Click()
        Dim a(3, 3) As Integer
        For i=1 To 3
          For j=1 To 3
              a(i, j)=i * j+i
          Next j
        Next i
        Sum=0
        For i=1 To 3
          Sum=Sum+a(i, 4 - i)
        Next i
        Print Sum
    End Sub
```
程序运行后,单击命令按钮,输出结果是_____。

4. 在窗体上画一个命令按钮(其 Name 属性为 Command1),然后编写如下代码:
```
    Private Sub Command1_Click()
        Dim i As Integer, j   As Integer
        Dim a(10, 10) As Integer
        For i=1 To 3
            For j=1 To 3
                a(i, j)=(i - 1) * 3+j
                Print a(i, j);
            Next j
            Print
        Next i
    End Sub
```
程序运行后,单击命令按钮,第一行显示_____,第三行显示_____。

5. 在窗体上画一个命令按钮(其 Name 属性为 Command1),然后编写如下代码:
```
    Private Sub Command1_Click()
        Dim a(3, 3)
        For m=1 To 3
          For n=1 To 3
              If n=m Or n=4 - m Then
                a(m, n)=m+n
              Else
                  a(m, n)=0
```

```
          End If
            Print a(m, n);
        Next n
        print
      Next m
    End Sub
```

程序运行后,单击命令按钮,第一行显示_____,第三行显示_____。

6. 若将二维数组 a(3,4)转化为一维组数组 b(12),请完善下列程序。

```
    Option Base 1
    Private Sub Command1_Click()
      Dim a(3, 4) As Integer, b(12) As Integer
      For i=1 To 3
        For j=1 To 4
            _____=a(i,j)
        Next j
      Next i
    End Sub
```

7. 以下程序的功能是:先将随机产生的整数放入数组 a 中,再将这 10 个数按升序方式输出,请填空。

```
    Private Sub Form_Click()
      Dim a(10) as Integer, i as integer
      Randomize
      i=0
      Do
        num=Int(Rnd * 90)+10
        For j=1 to i
          if num=a(j) then
            Exit For
          End If
        Next j
        If j>i then
          i=i+1
          a(i)=_____
        End If
      Loop While i<10
      For i=1 to 9
        For j=_____ to 10
          if a(i)>a(j) then Temp=a(i): a(i)=a(j): _____
        Next j
      Next i
```

```
   For i=1 to 10
     Print a(i)
   Next i
End Sub
```

三、改错题

1. 有如下程序,运行上述程序时出现一处错误,错误之处是哪里,请修改。

```
Option Base 1
Private Sub Command1_Click()
    Dim arr(10)
    arr=Array(10,35,28,90,54,68,72,90)
    For Each a In arr
      If a>50 Then
        Sum=Sum+a
      End If
    Next a
End Sub
```

2. 要求产生 10 个随机整数,存放在数组 arr 中,从键盘输入要删除的数组元素的下标,将该元素中的数组删除,后面元素中的数据依次前移,并显示删除后剩余的数据,现有如下程序,程序运行后发现显示的结果不正确,应该进行的修改是哪里。

```
Option Base 1
Private Sub Command1_Click()
    Dim arr(10) AS Integer
    For i=1 to 10
        arr(i)=int (Rnd * 100)
        Print arr(i);
    Next
    x=inputbox("输入 1 到 10 的一个整数:")
    For i=x+1 to 10
        arr(i-1)=arr(i)
    Next
    For i=1 to 10
        Print arr(i);
    Next
End Sub
```

第六次习题 （过程）

班级＿＿＿＿＿　　学号＿＿＿＿＿　　姓名＿＿＿＿＿　　批阅＿＿＿＿＿

一、选择题

1. 下列描述中正确的是＿＿＿＿。
   A. Visual Basic 只能通过过程调用执行通用过程
   B. 可以在 Sub 过程的代码中包含另一个 Sub 过程的代码
   C. 可以像通用过程一样指定事件过程的名字
   D. Sub 过程和 Function 过程都有返回值

2. 以下叙述中正确的是＿＿＿＿。
   A. 一个 Sub 过程至少要有一个 Exit Sub 语句
   B. 一个 Sub 过程必须有一个 End Sub 语句
   C. 可以在 Sub 过程中定义一个 Function 过程,但不能定义 Sub 过程
   D. 调用一个 Function 过程可以获得多个返回值

3. 以下叙述中错误的是＿＿＿＿。
   A. 语句"Dim a,b As Integer"声明了两个整型变量
   B. 不能在标准模块中定义 Static 型变量
   C. 窗体层变量必须先声明,后使用
   D. 在事件过程或通用过程内定义的变量是局部变量

4. 下面定义窗体级变量 a 的语句中错误的是＿＿＿＿。
   A. Dim a%　　　　　　　　　　B. Private a%
   C. Private a As Integer　　　　D. Static a%

5. 以下关于局部变量的叙述中错误的是＿＿＿＿。
   A. 在过程中用 Dim 语句或 Static 语句声明的变量是局部变量
   B. 局部变量的作用域是它所在的过程
   C. 在过程中用 Static 语句声明的变量是静态局部变量
   D. 过程执行完毕,该过程中用 Dim 或 Static 语句声明的变量即被释放

6. 设程序中有如下数组定义和过程调用语句:
   Dim a(10) As Integer
   ......
   Call p(a)
   如下过程定义中,正确的是
   A. Private Sub p(a　As Integer)
   B. Private Sub p(a()　As Integer)
   C. Private Sub p(a(10)　As Integer)
   D. Private Sub p(a(n)　As Integer)

7. 设有如下函数过程

Private Function Fun(a( ) As Integer，b As String) as Integer

   ...

End Function

若已有变量声明：

Dim x(5) As Integer，n As Integer，ch As String

则下面正确的过程调用语句是_____。

    A. x(0)＝Fun(x,"ch")   B. n＝Fun(n,ch)

    C. Call Fun x,"ch"   D. n＝Fun(x(5),ch)

8. 下面是求最大公约数的函数的首部

Function gcd(ByVal x As Integer，ByVal y As Integer) As Integer

若要输出 8、12、16 这 3 个数的最大公约数,下面正确的语句是_____。

    A. Print gcd(8,12),gcd(12,16),gcd(16,8)

    B. Print gcd(8,12,16)

    C. Print gcd(8),gcd(12),gcd(16)

    D. Print gcd(8,gcd(12,16))

9. 在窗体上画两个名称分别为 Text1、Text2 的文本框,一个名称为 Label1 的标签。要求当改变任一个文本框的内容,就会将该文本框的内容显示在标签中。实现上述功能如下：

Pivate Sub Text1_Change( )

    Call ShowText(Text1)

End Sub

Private Sub Text2_Change( )

    Call ShowText(Text2)

End Sub

Private Sub showText(T As TextBox)

    Label1.Caption＝"文本框中的内容是:" & T.Text

Enb Sub

关于上述程序,以下叙述中错误的是_____。

    A. ShowText 过程的参数类型可以是 Control

    B. ShowText 过程的参数类型可以是 Variant

    C. 两个过程调用语句有错,应分别改为 Call ShowText(Text1.Text)、Call Show-Text(Text2.Text)

    D. ShowText 过程中的 T 是控件变量

二、填空题

  ＊＊过程调用和参数传递部分＊＊

1. 窗体上有一个名为 Command1 的命令按钮,并有如下程序：

Private Sub Command1_Click( )

    Dim a as integer,b as integer

    a＝8

```
        b=12
        Print Fun(a,b);a;b
    End Sub
    Private Function Fun(Byval a as Integer，b as integer) As Integer
        a=a Mod 5
        b=b\5
        Fun=a
    End Function
```
程序运行时,单击命令按钮,输出结果是_____。

2. 窗体上有名称为 Command1 的命令按钮。事件过程及 2 个函数过程如下:
```
    Private Sub Command1_click()
        Dim x As Integer,y As Integer,z
        x=3 ： y=5 ： z=fy(y)
        Print fx(fx(x)),y
    End Sub
    Function fx(byval a As Integer)
        a=a+a
        fx=a
    End Function
    Function fy(byref a As Integer)
        a=a+a
        fy=a
    End Function
```
运行程序,并单击命令按钮,则窗体上显示的 2 个值是_____和_____。

3. 在窗体上画一个命令按钮(名称为 Command1),并编写如下代码:
```
    Function Fun1(Byval a As Integer， b As Integer ) As Integer
        Dim t As Integer
        t=a-b ： b=t+a ： Fun1=t+b
    End Function
    Private Sub Command1_Click()
        Dim x as Integer
        x=10
        Print Fun1(Fun1(x,(Fun1(x,x-1))),x-1)
    End Sub
```
程序运行后,单击命令按钮,输出结果_____。

4. 阅读程序:
```
    Function fac(ByVal n As Integer) As Integer
        Dim temp As Integer
        temp=1
        For i%=1 To n
```

```
            temp＝temp ＊ i％
        Next i％
        fac＝temp
    End Function
    Private Sub Form_Click()
        Dim nsum As Integer
        nsum＝1
        For i％＝2 To 4
            nsum＝nsum＋fac(i％)
        Next i％
        Print nsum
    End Sub
```

程序运行后，单击窗体，输出结果是＿＿＿＿＿＿。

5. 设窗体上有 Text1 文本框和 Command1 命令按钮，并有以下程序：

```
    Private Sub Command1_Click()
        temp＄＝""
        For k＝1 To Len(Text1)
            Ch＄＝Mid(Text1,k,1)
            If Not found(temp,ch) Then
                temp＝temp & ＿＿＿＿＿＿
            End If
        Next k
        Text1＝ ＿＿＿＿＿＿
    End Sub
    Private Function found(str As String,ch As String)As Boolean
        For K＝1 To Len(str)
            If ch＝Mid(Str,k,1) Then
                Found＝ ＿＿＿＿＿＿
                Exit Function
            End If
        Next k
        Found＝False
    End Function
```

运行时，在文本框中输入若干英文字母，然后单击命令按钮，则可以删去文本框中所有重复的字母。例如，若文本框中原有字符串为"abcddbbc"，则单击命令按钮后文本框中字符串为"abcd"。其中函数 found 的功能是判断字符串 str 中是否有字符 ch，若有，函数返回True，否则返回 False。请填空。

＊＊数组参数的传递＊＊

6. 请阅读程序：

```
Sub subP(b() As Integer)
    For i＝1 To 4
        b(i)＝2＊i
    Next i
End Sub
Private Sub Command1_Click()
    Dim a(1 To 4)As Integer
    A(1)＝5；a(2)＝6；a(3)＝7；a(4)＝8
    subP a()
    For i＝1 To 4
        Print a(i)
    Next i
End Sub
```

运行上面的程序,单击命令按钮,则输出结果是_____。

7. 窗体上有一个名为 Command1 的命令按钮,并有下面的程序：

```
Private Sub Command1_Click()
    Dim arr(5) As Integer
    For k＝1 To 5
        arr(k)＝k
    Next k
    prog arr()
    For k＝1 To 5
        Print arr(k)
    Next k
End Sub
Sub prog(a() As Integer)
    n＝Ubound(a)
    For i＝n To 2 step －1
        For j＝1 To n－1
            if a(j)＜ a(j＋1) Then
                t＝a(j)；a(j)＝a(j＋1)；a(j＋1)＝t
            End If
        Next j
    Next i
End Sub
```

程序运行时,单击命令按钮后显示的是_____。

8. 在窗体上画一个名称为 Command1 的命令按钮。然后编写如下程序：

```
Option Base 1
```

```
    Private Sub Command1_Click()
        Dim a(10) As Integer
        For i＝1 To 10
            a(i)＝i
        Next
        Call swap (_____ )
        For i＝1 To 10
            Print a(i)；
        Next
    End Sub
    Sub swap(b() As Integer)
        n＝Ubound(b)
        For i＝1 To n／2
            t＝b(i)
            b(i)＝b(n)
            b(n)＝t
            _____
        Next
    End Sub
```

上述程序的功能是，通过调用过程 swap，调换数组中数值的存放位置，即 a(1) 与 a(10) 的值互换，a(2) 与 a(9) 的值互换，……请填空。

＊＊变量的作用域部分＊＊

9. 运行下面的程序，单击 Command1 后单击 Command2，在窗体上显示的变量 A 的值 为_____，变量 B 的值为_____。

```
    Dim A As Integer，B As Integer
    Private Sub Command1_Click()
        Dim B As Integer
        A＝10
        B＝10
    End Sub
    Private Sub Command2_Click()
        Print A，B
    End Sub
```

10. 窗体上有 Command1、Command2 两个命令按钮。现编写以下程序：

```
    Option Base 0
    Dim a() As Integer，m As Integer
    Private Sub Command1_Click()
        m＝InputBox("请输入一个正整数")
        Dim a(m)
```

```
      End Sub
      Private Sub Command2_Click()
            m＝InputBox("请输入一个正整数")
            ReDim a(m)
      End Sub
```

运行程序时,单击 Command1 后输入整数 10,再单击 Command2 后输入整数 5,则数组 a 中元素的个数是_____。

11. 标准模块中有如下程序代码:

```
      Public x As Integer,Y As Integer
      Sub var_pub()
            x＝10 ：y＝20
      End Sub
```

在窗体上有 1 个命令按钮,并有如下事件过程:

```
      Private Sub Command1_Click()
            Dim x As Integer
            Call var_pub
            x＝x＋100
            y＝y＋100
            Print x；y
      End Sub
```

运行程序后单击命令按钮,窗体上显示的是_____。

＊＊静态变量部分＊＊

12. 设有一个命令按钮 Command1 的事件过程以及一个函数过程。程序如下:

```
      Private Sub Command1_Click()
            Static x As Integer
            x＝f(x＋5)
            Cls
            Print x
      End Sub
      Private Function f(x As integer)As Integer
            f＝x＋x
      End Function
```

连续单击命令按钮 3 次,第 3 次单击命令按钮后,窗体上显示的计算结果是_____。

13. 在窗体上有 1 个名称为 Command1 的命令按钮,并有如下事件过程和函数过程:

```
      Private Sub Command1_Click()
            Dim p As Integer
            p＝m(1) ＋m(2) ＋m(3)
            Print p
      End Sub
```

```
Private Function m(n As Integer) As Integer
    Static s As Integer
    For k=1 to n
      s=s+1
    Next
    m=s
End Function
```

运行程序,单击命令按钮 Command1 后的输出结果为＿＿＿＿＿。

14. 在窗体上画一个命令按钮和一个标签,其名称分别为 Command1 和 Label1,然后编写如下代码:

```
Sub S(x As Integer, y As Integer)
    Static z As Integer
    y=x * x+z
    z=y
End Sub
Private Sub Command1_Click()
    Dim i As Integer, z As Integer
    m=0
    z=0
    For i=1 To 3
        S i, z
        m=m+z
    Next i
    Label1. Caption=Str(m)
End Sub
```

程序运行后,单击命令按钮,在标签中显示的内容是＿＿＿＿＿。

三、改错题

1. 窗体上有一个 Text1 文本框,一个 Command1 命令按钮,并有以下程序。

图 2-3 正确的效果

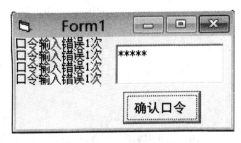

图 2-4 有错误的效果

```
Private Sub Command1_Click()
    Dim n
    If Text1. Text<>"123456" Then
        n=n+1
```

```
        Print "口令输入错误" & n & "次"
      End If
   End Sub
```

希望程序运行时得到图 2-3 所示的效果,即:输入口令,单击"确认口令"命令按钮,若输入的口令不是"123456",则在窗体上显示输入错误口令的次数。但上面的程序实际显示的是图 2-4 所示的效果,程序需要修改。

2. Fibonacci 数列的规律是:前 2 个数为 1,从第 3 个数开始,每个数是它前 2 个数之和,即:1,1,2,3,5,8,13,21,34,55,89,…。某人编写了下面的函数,判断大于 1 的整数 x 是否是 Fibonacci 数列中的某个数,若是,则返回 True,否则返回 False。

```
   Function Isfab(x As Integer)As Boolean
      Dim a As Integer, b As Integer, c As Integer, flag As Boolean
      flag=False
      a=1:b=1
      Do While x<b
         c=a+b
         a=b
         b=c
         If x=b Then flag=True
      Loop
      Isfab=flag
   End Function
```

测试时发现对于所有正整数 x,函数都返回 False,程序需要修改。

3. 下面函数的功能应该是:删除字符串 str 中所有与变量 ch 相同的字符,并返回删除后的结果。例如:若 str= "ABCDABCD", ch= "B",则函数的返回值为:"ACDACD"

```
   Function delchar(str As String, ch As String)As String
      Dim k As Integer, temp As String, ret As String
      ret=""
      For k=1 To Len(str)
         temp=Mid(str, k, 1)
         If temp= ch Then
            ret=ret&temp
         End If
      Next k
      delchar=ret
   End Function
```

但实际上函数有错误,需要修改。

4. 某人编写了一个能够返回数组 a 中 10 个数中最大数的函数过程,代码如下:

```
   Function MaxValue(a() As Integer) As Integer
      Dim max%
      max=1
```

```
        For k＝2 To 10
            If a(k)＞a(max) Then
                  max＝k
            End If
        Next k
        MaxValue＝max
    End Function
```
程序运行时，发现函数过程的返回值是错的，需要修改。

四、编程题

1. 在窗体上有一个命令按钮和一个文本框。程序运行后，单击命令按钮，即可计算出 0～100(包括 0 和 100)范围内不能被 7 整除的所有整数的和，并在文本框中显示出来。要求定义一个 Fun 函数，实现求不能被 7 整除的整数之和的操作。

2. 如图 2-5 所示，在窗体上有一个命令按钮、一个标签和一个文本框控件数组(有 5 个文本框)。在文本框中任意输入 5 个数，单击名称为"找最小数"的命令按钮，则找出其中最小数并显示在标签中。要求定义一个函数 FindMin，实现返回两个数中的较小数。

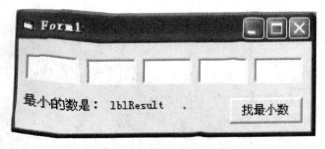

图 2-5　查找最小的数

第七次习题 （用户界面设计）

班级_____ 学号_____ 姓名_____ 批阅_____

一、选择题

1. 滚动条可以响应的事件是_____。
   A. Load   B. Scroll   C. Click   D. MouseDown

2. 假定一个滚动条的 LargeChange 属性值为 100，则 100 表示_____。
   A. 单击滚动条箭头和滚动框之间某位置时滚动框位置的变化量
   B. 滚动框位置的最大值
   C. 拖动滚动框时滚动框位置的变化量
   D. 单击滚动条箭头时滚动框位置的变化量

3. 设窗体上有一个名称为 HS1 的水平滚动条，如果执行了语句：
   HS1. Value＝(HS1. Max－HS1. Min)/2＋HS1. Min 则：
   A. 滚动块处于最左端
   B. 滚动块处于最右端
   C. 滚动块处于中间位置
   D. 滚动块可能处于任何位置，具体位置取决于 Max、Min 属性的值

4. 设窗体上有 1 个水平滚动条，已经通过属性窗口把它的 Max 属性设置为 1，Min 属性设置为 100。下面叙述中正确的是_____。
   A. 程序运行时，若使滚动块向左移动，滚动条的 Value 属性值就增加
   B. 程序运行时，若使滚动块向左移动，滚动条的 Value 属性值就减少
   C. 由于滚动条的 Max 属性值小于 Min 属性值，程序会出错
   D. 由于滚动条的 Max 属性值小于 Min 属性值，程序运行时滚动条的长度会缩为一点，滚动块无法移动

5. 窗体上有一个名称为 Picture1 的图片框控件，一个名称为 Timer1 的计时器控件，其 Interval 属性值为 1000。要求每隔 5 秒钟图片框右移 100。现编写程序如下：

```
Private Sub Timer 1_Timer()
  Static n As Integer
  n＝n＋1
  If  (n/5)＝Int(n/5)  And  Picture1. Left<Form1. Width Then
      Picture1. Left＝Picture1. Left＋100
  End If
End Sub
```

分析以上程序，以下叙述中正确的是_____。
   A. 程序中没有设置 5 秒钟的时间，所以不能每隔 5 秒移动图片框一次
   B. 此程序运行时图片框位置保持不动
   C. 此程序运行时图片框移动方向与题目要求相反

D. If 语句条件中的"Picture1. Left<Form1. Width"用于限制图片框移动的范围

6. 窗体上有一个名为 Command1 的命令按钮和一个名为 Timer1 的计时器，并有下面事件过程：

```
Private Sub Command1_Click()
    Timer1. Enabled=True
End Sub
Private Sub Form_Load()
    Timer1. Interval=10
    Timer1. Enabled=False
End Sub
Private Sub Timer1_Timer()
    Command1. Left=Command1. Left+10
End Sub
```

程序运行时，单击命令按钮，则产生的结果是_____。

   A. 命令按钮每 10 秒向左移动一次

   B. 命令按钮每 10 秒向右移动一次

   C. 命令按钮每 10 毫秒向左移动一次

   D. 命令按钮每 10 毫秒向右移动一次

7. 在窗体上画一个名称为 CD1 的通用对话框，并有如下程序：

```
Private Sub Form_Load()
    CD1. DefaultExt="doc"
    CD1. FileName="c:\\file1. txt"
    CD1. Filter="应用程序( * . exe)| * . exe"
End Sub
```

程序运行时，如果显示了"打开"对话框，在"文件类型"下拉列表中的默认文件类型是_____。

   A. 应用程序(* . exe)　　　　　　B. * . doc

   C. * . txt 　　　　　　　　　　　D. 不确定

8. 以下叙述中错误的是_____。

   A. 在程序运行时，通用对话框控件是不可见的

   B. 调用同一个通用对话框控件的不同方法（如 ShowOpen 或 ShowSave）可以打开不同的对话框窗口

   C. 调用通用对话框控件的 ShowOpen 方法，能够直接打开在该通用对话框中指定的文件

   D. 调用通用对话框控件的 ShowColor 方法，可以打开颜色对话框窗口

9. 以下关于菜单设计的叙述中错误的是_____。

   A. 各菜单项可以构成控件数组

   B. 每个菜单项可以看成是一个控件

   C. 设计菜单时，菜单项的"有效"未选，即表示该菜单项不显示

   D. 菜单项只响应单击事件

10. 设菜单编辑器中各菜单项的属性设置如表 2－1 所示：

表 2－1

序号	标题	名称	复选	有效	可见	内缩符号
1	File	File		√	√	无
2	Open	OpenFile		√	√	1
3	Save	SaveFile		√		1
4	Exit	EndOfAll			√	1
5	Help	ShowHelp	√		√	1

针对上述属性设置，以下叙述中错误的是_____。

A. 属性设置有错，存在"标题"与"名称"重名现象

B. 运行程序，序号为"3"的菜单项不显示

C. 运行程序，序号为"4"的菜单项不可用

D. 运行程序，序号为"5"的菜单项前显示"√"

11. 以下关于弹出式菜单的叙述中，错误的是_____。

A. 一个窗体只能有一个弹出式菜单

B. 弹出式菜单在菜单编辑器中建立

C. 弹出式菜单的菜单名（主菜单项）的"可见"属性通常设置为 False

D. 弹出式菜单通过窗体的 PopupMenu 方法显示

12. 假定已经在菜单编辑器中建立了窗体的弹出式菜单，其顶级菜单项的名称为 al，其"可见"属性为 False。程序运行后，单击鼠标左键或右键都能弹出菜单的事件过程是_____。

A. Private Sub Form_MouseDown(Button As Integer, Shift As Integer, X As Single, _

    Y As Single)

        If Button＝1 And Button＝2 Then

            PopupMenu al

        End If

    End Sub

B. Private Sub Form_MouseDown(Button As Integer, Shift As Integer, X As Single, _

    Y As Single)

        PopupMenu al

    End Sub

C. Private Sub Form_MouseDown(Button As Integer, Shift As Integer, X As Single, _

    Y As Single)

        If Button＝1 Then

            PopupMenu al

            End If
        End Sub
    D. Private Sub Form_MouseDown（Button As Integer，Shift As Integer，X As Single，_
        Y As Single）
            If Button＝2 Then
                PopupMenu al
            End If
        End Sub

13. 以下关于多窗体的叙述中，正确的是_____。
    A. 任何时刻，只有一个当前窗体
    B. 向一个工程添加多个窗体，存盘后生成一个窗体文件
    C. 打开一个窗体时，其他窗体自动关闭
    D. 只有第一个建立的窗体才是启动窗体

14. 以下描述中错误的是_____。
    A. 在多窗体应用程序中，可以有多个当前窗体
    B. 多窗体应用程序的启动窗体可以在设计时设定
    C. 多窗体应用程序中每个窗体作为一个磁盘文件保存
    D. 多窗体应用程序可以编译生成一个 EXE 文件

15. 以下说法中正确的是_____。
    A. MouseUp 事件是鼠标向上移动时触发的事件
    B. MouseUp 事件过程中的 x，y 参数用于修改鼠标位置
    C. 在 MouseUp 事件过程中可以判断用户是否使用了组合键
    D. 在 MouseUp 事件过程中不能判断鼠标的位置

16. 有弹出式菜单的结构如表 2－2 所示，程序运行时，单击窗体则弹出如图 2－6 所示的菜单。下面的事件过程中能正确实现这一功能的是_____。

表 2－2

内容	标题	名称
无	编辑	edit
…	剪切	cut
…	粘贴	paste

图 2－6 弹出菜单效果

    A. Private Sub Form_Click（）
            PopupMenu   cut
        End Sub
    B. Private Sub Command1_Click（）
            PopupMenu   edit
        End Sub
    C. Private Sub Form_Click（）
            PopupMenu   edit

```
        End Sub
    D. Private Sub Form_Click()
            PopupMenu   cut
            PopupMenu   paste
        End Sub
```

17. 若看到程序中有以下事件过程，则可以肯定的是，当程序运行时_____。

```
Private Sub Click_MouseDown(Button As Integer,_
    Shift As Integer,X As Single,Y As Single)
  Print "VB Program"
End Sub
```

    A. 用鼠标左键单击名称为"Commandl"的命令按钮时，执行此过程

    B. 用鼠标左键单击名称为"MouseDown"的命令按钮时，执行此过程

    C. 用鼠标右键单击名称为"MouseDown"的控件时，执行此过程

    D. 用鼠标左键或右键单击名称为"Click"的控件时，执行此过程

18. 要求当鼠标在图片框 P1 中移动时，立即在图片框中显示鼠标的位置坐标。下面能正确实现上述功能的事件过程是_____。

```
    A. Private Sub P1_MouseMove(Button As Integer,Shift As Integer,X As Single,_
        Y As Single)
          Print X,Y
      End Sub

    B. Private Sub P1_MouseDown(Button As Integer,Shift As Integer,X As Single,_
        Y As Single)
          Picture. Print X,Y
      End Sub

    C. Private Sub P1_MouseMove(Button As Integer,Shift As Integer,X As Single,_
        Y As Single)
          P1. Print X,Y
      End Sub

    D. Private Sub Form_MouseMove(Button As Integer,Shift As Integer,X As Single,_
        Y As Single)
          P1. Print X,Y
      End Sub
```

二、填空题

1. 窗体上有从左到右 4 个单选按钮组成控件数组 Opt1，下标从 0 开始。程序运行时，单击命令按钮"选择"（名称为 Command1），则在标签 Label1 中显示所选中的信息，如图2-7所示。

以下是完成上述功能的程序，请填空。

```
Private Sub Command1_Click()
    For i=0 To 3
        If Opt1(i). Value=True Then
```

图 2-7 旅游目的地选择

```
        Call f(_____ )
        End If
    Next
End Sub
Private Sub f(s as String)
    Label1. Caption＝"您选择的是："＆ s
End Sub
```

2. 设窗体上有一个名称为 Label1 的标签。程序运行时,单击鼠标左键,再移动鼠标,鼠标的位置坐标会实时地显示在 Label1 标签中;单击鼠标右键则停止实时显示,并将标签中内容清除。下面的程序可实现这一功能,请填空。

```
Dim down As Boolean
Private Sub Form_MouseDown(Button As Integer,Shift As Integer, _
    X As Single,Y As Single)
    Select Case _____
        Case 1
            down＝True
        Case 2
            down＝False
    End Select
End Sub
Private Sub Form_MouseMove(Button As Integer,Shift As Integer, _
    X As Single,Y As Single)
    If _____ Then
        _____＝"X＝"＆ X ＆"   Y＝"＆ Y
    Else
        Label1. Caption＝""
    End If
End Sub
```

3. 窗体如图 2-8 所示,其中汽车是名称为 Image1 的图像框,命令按钮的名称为 Command1,计时器的名称为 Timer1,直线的名称为 Line1。程序运行时,单击命令按钮,则汽车每 0.1 秒向左移动 100,车头到达左边的直线时停止移动。请填空完成下面的属性设置和程序,以便实现上述功能。

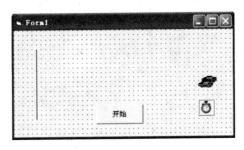

图 2-8　汽车移动

① Timerl 的 Interval 属性的值应事先设置为_____

② Private Sub Commandl_Click()

　　　　Timerl. Enabled＝True

　　End Sub

　　Private Sub Timerl_Timer()

　　　　If Imagel. Left＞=_____　　Then

　　　　　　Imagel. Left＝_____　　-100

　　　　End If

　　End Sub

4. 在窗体上画一个标签、一个计时器和一个命令按钮,其名称分别为 Label1、Timer1 和 Command1,如图 2-9 所示。程序运行后,如果单击命令按钮,则标签开始闪烁,每秒钟"欢迎"二字显示、消失各一次,如图 2-10 所示。以下是实现上述功能的程序,请填空。

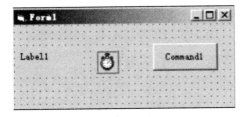

图 2-9　设计界面

图 2-10　运行后点击按钮

```
Private Sub Form_Load()
    Label1. Caption="欢迎"
    Timer1. Enabled=False
    Timer1. Interval=_____
    Command1. Caption="开始闪烁"
End Sub
Private Sub Timer1_Timer()
    Label1. visible=_____
End Sub
Private Sub Commandl_Click()

    _____
End Sub
```

第八次习题 （数据文件）

班级_____ 学号_____ 姓名_____ 批阅_____

一、选择题

1. 下列有关文件的叙述中，正确的是_____。
   A. 以 Output 方式打开一个不存在的文件时，系统将显示出错信息
   B. 以 Append 方式打开的文件，既可以进行读操作，也可以进行写操作
   C. 在随机文件中，每个记录的长度是固定的
   D. 无论是顺序文件还是随机文件，其打开的语句和打开方式都是完全相同的

2. 以下关于顺序文件的叙述中，正确的是_____。
   A. 可以用不同的文件号以不同的读写方式同时打开同一个文件
   B. 文件中各记录的写入顺序与读出顺序是一致的
   C. 可以用 Input♯或 Line Input♯语句向文件写记录
   D. 如果用 Append 方式打开文件，则既可以在文件末尾添加记录，也可以读取原有记录

3. 假定用下面的语句打开文件：
   Open "File. txt" For Input As ♯1
   则不能正确读文件的语句是_____。
   A. Input ♯1,Ch $ B. Line Input ♯1,ch $
   C. ch $＝Input $（5,♯1)   D. Read ♯1,ch $

4. 设有语句　Open "c:\\Test. Dat" For Output As ♯1,则以下叙述中错误的是_____。
   A. 该语句打开 C 盘根目录下的一个文件 Test. Dat,如果该文件不存在则出错
   B. 该语句打开 C 盘根目录下一个名为 Test. Dat 的文件，如果该文件不存在则创建该文件
   C. 该语句打开文件的文件号为 1
   D. 执行该语句后，就可以通过 Print ♯语句向文件 Test. Dat 中写入信息

5. 下列可以打开随机文件的语句是_____。
   A. Open "file1. dat" For Input As ♯1
   B. Open "file1. dat" For Append As ♯1
   C. Open "file1. dat" For Output As ♯1
   D. Open "file1. dat" For Random As ♯1 Len＝20

6. 设有打开文件的语句如下：
   Open "test. dat" For Random As ♯1
   要求把变量 a 中的数据保存到该文件中，应该使用的语句是_____。
   A. Input ♯1, a   B. Write ♯1, a
   C. Put ♯1, a   D. Get ♯1, a

7. 某人编写了下面的程序,希望能把 Text1 文本框中的内容写到 out. txt 文件中

```
Private Sub Comand1_Click()
    Open "out. txt" For Output As ♯2
    Print "Text1"
    Close ♯2
End Sub
```

调试时发现没有达到目的,为实现上述目的,应做的修改是_____。

　　A. 把 Print "Text1"改为 Print ♯2,Text1

　　B. 把 Print "Text1"改为 Print Text1

　　C. 把 Print "Text1"改为 Write "Text1"

　　D. 把所有♯2 改为♯1

8. 为了从当前文件夹中读入文件 File. txt,某人编写了下面的程序:

```
Private Sub Command1_Click()
    Open "File1. txt" For Output As ♯20
    Do While Not EOF(20)
        Line Input ♯20,ch$
        Print ch
    Loop
    Close ♯20
End Sub
```

程序调试时,发现有错误,下面的修改方案中正确的是_____。

　　A. 在 Open 语句中的文件名前添加路径

　　B. 把程序中各处的"20"改为"1"

　　C. 把 Print ch 语句改为 Print ♯20,ch

　　D. 把 Open 语句中的 Output 改为 Input

9. 假定在窗体(名称为 Form1)的代码窗口中定义如下记录类型:

```
Private Type animal
    AnimalName As String * 20
    AColor As String * 10
End Type
```

在窗体上画一个名称为 Command1 的命令按钮,然后编写如下事件过程:

```
Private Sub Command1_Click()
    Dim rec As animal
    Open "c:\vbTest. dat" For Random As ♯1 Len=Len(rec)
    rec. animalName="Cat"
    rec. aColor="White"
    Put ♯1,, rec
    Close ♯1
End Sub
```

则以下叙述中正确的是_____。

A. 记录类型 animal 不能在 Form1 中定义，必须在标准模块中定义

B. 如果文件 C:\vbTest. dat 不存在，则 Open 命令执行失败

C. 由于 Put 命令中没有指明记录号，因此每次都把记录写到文件的末尾

D. 语句"Put ♯1,，rec"将 animal 类型的两个数据元素写到文件中

10. 使用驱动器列表框 Drive1、目录列表框、文件列表框 Fiel1 时，需要设置控件的同步，以下能够正确设置两个控件同步的命令是_____。

A. Dir1. path＝Drive. path

B. File1. path＝Dir1. path

C. File1. path＝Drive1. path

D. Drive1. Drive＝Dir1. path

二、填空题

1. 下面的事件过程执行时，可以把 Text1 文本框中的内容写到文件"file1. txt"中去，请填空。

```
Pivate Sub Command1_Click()
    Open "file1. txt" For _____ As ♯1
    print _____ , Text1. Text
    Close ♯1
End Sub
```

2. 在窗体上画一个文本框，其名称为 Text1，在属性窗口中把该文本框的 MultiLine 属性设置为 True，然后编写如下的事件过程：

```
Private Sub Form_Click()
    Open "d:\test\smtext1. Txt" For Input As ♯1
    Do While Not _____
        Line Input ♯1, aspect $
        Whole $ ＝whole $ ＋aspect $ ＋Chr $ (13)＋Chr $ (10)
    Loop
    Text1. Text＝whole $

    _____
    Open "d:\test\smtext2. Txt" For Output As ♯1
    Print ♯1, _____
    Close ♯1
End Sub
```

运行程序，单击窗体，将把磁盘文件 smtext1. txt 的内容读到内存并在文本框中显示出来，然后把该文本框中的内容存入磁盘文件 smtext2. txt，请填空。

3. 在当前目录下有一个名为"myfile. txt"的文本文件，其中有若干行文本。下面程序的功能是读入此文件中的所有文本行，按行计算每行字符的 ASCII 码之和，并显示在窗体上。请填空。

```
Private  Sub  Command1_Click()
    Dim  ch $ ,  Ascii  As  Integer
    Open  "myfile. txt"  For  _____  As  ♯1
    While  Not  EOF(1)
        Line  Input  ♯1,  ch
```

```
            Ascii  =  ToAscii (_____)
            Print  Ascii
        Wend
        Close  #1
    End  Sub
    Private  Function  ToAscii(mystr$)  As  Integer
        n  =  0
        For  k  =  1  To  _____
            n  =  n  +  Asc(Mid(mystr,  k,  1))
        Next  k
        ToAscii  =  n
    End  Function
```

4. 在窗体上画一个命令按钮和一个文本框,其名称分别为 Command1 和 Text1,然后编写如下事件过程:

```
Private Sub Command1_Click()
    Dim indata As String
    Text1. Text=""
    Open "d:\\myfile. txt" _____ As _____
    Do While _____
        Input #2, indata
        Text1. Text=Text1. Text+indata
    Loop
    Close #2
End Sub
```

程序的功能是,打开 D 盘根目录下的文本文件 myfile. txt,读取它的全部内容并显示在文本框中,请填空。

5. 在窗体上先画 1 个名为 Text1 的文本框和 1 个名为 Label1 的标签,再画 1 个名为 OP1 的有 4 个单选按钮数组,其 Index 属性按季度顺序为 0~3(如图 2-11 所示)。在文件 sales. txt 中按月份顺序存有某企业某年 12 个月的销售额。要求在程序执行时,鼠标单击 1 个单选按钮,则 Text1 中显示相应季度的销售总额,并把相应的文字显示在标签上。图 2-11 是单击"第一季度"单选按钮产生的结果。请填空。

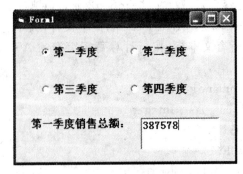

图 2-11   销售额统计

```
Dim sales(12) As Long
Private Sub Form__Load()
    open "sales. txt" For Input AS ♯1
    For k=1 To 12
        Input ♯1,sales(k)
    Next  k
    Close ♯1
    End Sub
Private Sub _____ (Index AS Integer)
    Dim sum As Long, k As Integer, month As Integer
    sum=0
    month=Index _____
    For k=1 To 3
    month=month+1
    sum=sum+sales(month)
    Next k
    Label1. Caption=Op1(Index). _____ & "销售总额："
    Text1=sum
End Sub
```

6. 设窗体上有一个名称为 CD1 的通用对话框,一个名称为 Text1 的文本框和一个名称为 Command1 的命令按钮。程序执行时,单击 Command1 按钮,则显示打开文件对话框,操作者从中选择一个文本文件,并单击对话框上的"打开"按钮后,则可打开该文本文件,并读入一行文本,显示在 Text1 中。下面是实现此功能的事件过程,请填空。

```
Private Sub Command1_Click()
    CD1. Filter ="文本文件| *. txt|Word 文档| *. doc"
    CD1. Filterindex=1
    CD1. ShowOpen
    If CD1. FileName<>"" Then
        Open _____ For Input As ♯1
        Line Input ♯1,ch$
        Close ♯1
        Text1. Text=_____
    End If
End Sub
```

第九次习题 （图形操作）

班级_____ 学号_____ 姓名_____ 批阅_____

一、选择题

1. 如果一个直线控件在窗体上呈现为一条垂直线,则可以确定的是_____。
   - A. 它的 Y1、Y2 属性的值相等
   - B. 它的 X1、X2 属性的值相等
   - C. 它的 X1、Y1 属性的值分别与 X2、Y2 属性的值相等
   - D. 它的 X1、X2 属性的值分别与 Y1、Y2 属性的值相等

2. 窗体上有一个名称为 Shape1 的形状控件和由三个命令按钮组成的名称为 cmdDraw 的控件数组。窗体外观如图 2-12 所示(从上到下的 3 个命令按钮的下标值分别为 0、1、2)。有事件过程如下:

图 2-12 shape 控件

```
Private Sub cmdDraw_Click(Index As Interger)
    Select Case Index
        Case 0
            Shape1. Shape=0
        Case 1
            Shape1. Shape=1
        Case 2
            Shape1. Shape=3
    End Select
End Sub
```

当单击"画圆"按钮时,会执行 cmdDraw_Click 事件过程。以下叙述中正确的是_____。
   - A. Case 2 分支有错,此 Case 后面表达式的值应该与赋给 Shape1. Shape 的值一致
   - B. 程序运行有错,控件数组的下标应该从 1 开始
   - C. Index 是形状控件的参数
   - D. 程序正常运行,形状控件被显示为圆形

3. 窗体的左右两端各有 1 条直线，名称分别为 Line1、Line2；名称为 Shape1 的圆靠在左边的 Line1 直线上（如图 2-13 所示）；另有 1 个名称为 Timer1 的计时器控件，其 Enabled 属性值是 True。要求程序运行后，圆每秒向右移动 100，当圆遇到 Line2 时则停止移动。

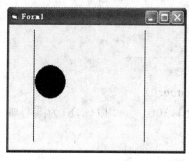

图 2-13　圆移动

为实现上述功能，某人把计时器的 Interval 属性设置为 1000，并编写了如下程序：

```
Private Sub Timer1_Timer()
For k＝Line1. X1 To Line2. X1 Step 100
If Shape1. Left＋Shape1. Width＜Line2. X1 Then
        Shape1. Left＝Shape1. Left＋100
End If
Next k
End Sub
```

运行程序时发现圆立即移动到了右边的直线处，与题目要求的移动方式不符。为得到与题目要求相符的结果，下面修改方案中正确的是_____。

A. 把计时器的 Interval 属性设置为 1

B. 把 For k＝Line1. X1 To Line2. X1 Step 100 和 Next k 两行删除

C. 把 For k＝Line1. X1 To Line2. X1 Step 100 改为 For k＝Line2. X1 To Line1. X1 Step 100

D. 把 If Shape1. Left＋Shape1. Width＜Line2. X1 Then 改为 If Shape1. Left＜Line2. X1 Then

二、填空题

1. 在窗体上画一个名称为 Timer1 的计时器控件，其 Enabled 属性值设为 False，Interval 属性值设为 100。要求程序运行后，当鼠标在窗体上移动时，沿鼠标经过的轨迹画出一系列半径为 100 的小圆。其效果如图 2-14 所示。以下是实现上述功能的程序，请填空。

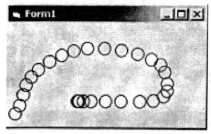

图 2-14　鼠标轨迹

```
Dim a As Integer, b As Integer
Private Sub Form _____ (Button As Integer, Shift As Integer, X As Single, Y
As Single)
    a=X
    b=Y
    Timer1. Enabled=_____
End Sub
Private Sub Timer1_Timer()
    Form1. Circle(a,b),100      '以(a,b)为圆心画一个半径为 100 的圆
End Sub
```

第三部分

综合练习

期末模拟试卷

一、填空 共 8 题(共计 30 分,每空 2 分)

1. 执行下列程序,单击命令按钮后,从键盘分别输入 4 和 5,则输出是【1】。

```
Private Sub Command1_Click()
    Dim x As Integer, y As Integer, s As Integer
    x=InputBox("请输入 x 的值")
    y=InputBox("请输入 y 的值")
    s=x
    If x > y Then s=y
    s=s * s
    Print s
End Sub
```

2. 执行下面程序,单击 Command1,则窗体上显示的第一行是【1】,第三行【2】。

```
Option Explicit
Private Sub Command1_Click()
    Dim x As Integer,y As Integer
    x=5：y=0
    Do While x > 0
        If x Mod 3=0 Then
            y=y+x
        Else
            y=y - x
        End If
        x=x - 2
        Print x, y
    Loop
End Sub
```

3. 下列程序的运行结果【1】。

```
Private Sub Form_Click()
    Dim a(5)   As String
    For i=1 To 5
        a(i)=Chr(Asc("A")+(i - 1))
    Next i
    For Each b In a
        Print b;
    Next
End Sub
```

4. 在窗体上画一个命令按钮(其 Name 属性为 Command1),然后编写如下代码:

```
Private Sub Command1_Click()
    Dim i As Integer, j  As Integer
    Dim a(10, 10) As Integer
    For i=1 To 3
        For j=1 To 3
            a(i, j)=(i - 1) * 3+j
            Print a(i, j);
        Next j
        Print
    Next i
End Sub
```

程序运行后,单击命令按钮,第一行显示【1】,第三行显示【2】。

5. 窗体上有 Command1、Command2 两个命令按钮. 现编写以下程序:

```
Option Base 0
Dim a() As Integer,m As Integer
Private Sub Command1_Click()
    m=InputBox("请输入一个正整数")
    ReDim a(m)
End Sub
Private Sub Command2_Click()
    m=InputBox("请输入一个正整数")
    ReDim a(m)
End Sub
```

运行程序时,单击 Command1 后输入整数 10,再单击 Command2 后输入整数 5,则数组 a 中元素的个数是【1】。

6. 窗体上有名称为 Command1 的命令按钮. 事件过程及 2 个函数过程如下:

```
Private Sub Command1_click()
    Dim x As Integer,y As Integer,z
    x=3 ： y=5 ： z=fy(y)
    Print fx(fx(x)),y
End Sub
Function fx(Byval a As Integer)
    a=a+a
    fx=a
End Function
Function fy(Byref a As Integer)
    a=a+a
    fy=a
End Function
```

运行程序,并单击命令按钮,则窗体上显示的 2 个值是【1】和【2】。

7. 设窗体上有一个名称为 Label1 的标签。程序运行时,单击鼠标左键,再移动鼠标,鼠标的位置坐标会实时地显示在 Label1 标签中;单击鼠标右键则停止实时显示,并将标签中内容清除。下面的程序可实现这一功能,请填空。

```
Dim down As Boolean
Private Sub Form_MouseDown(Button As Integer,Shift As Integer, _
X As Single,Y As Single)
    Select Case  【1】
        Case 1
            down=True
        Case 2
            down=False
    End Select
End Sub
Private Sub Form_MouseMove(Button As Integer,Shift As Integer, _
X As Single,Y As Single)
    If 【2】  Then
        【3】="X="& X &"  Y="& Y
    Else
        Label1. Caption=""
    End If
End Sub
```

8. 窗体上已有名称分别为 Drive1、Dir1、File1 的驱动器列表框、目录框、和文件列表框,且有 1 个名称为 Text1 的文本框,以下程序的功能是:将指定位置中扩展名为".txt"的文件显示在 File1 中,如果双击 File1 中的某个文件,则在 Text1 中显示该文件的内容,请填空。

```
Private Sub Form_Load()
    File1. Pattern=【1】
End Sub
Private Sub Drive1_Change()
    Dir1. Path=Drive1. Path
End Sub
Private Sub Dir1_Change()
    File1. Path=Dir1. Path
End Sub
Private Sub File1_DblClick()
    Dim s As String * 1
    If Right(FIle1. Path,1)="\" Then
        f_name=File1. Path+File1. FileName
    Else
```

```
        f_name=File1. Path+"\"+File1. FileName
    End if
    Open f_name【2】as #1
    Text1. text=""
    Do While【3】
        s=Input(1, #1)
        Text1. text=Text1. text+s
    Loop
    Close #1
End Sub
```

二、单项选择　共 30 题（共计 30 分,每题 1 分）

1. 在 Visual Basic 集成环境的设计模式下,用鼠标双击窗体上的某个控件打开的窗口是_____。
　　A. 工程资源管理器窗口　　　　　　　　B. 属性窗口
　　C. 工具箱窗口　　　　　　　　　　　　D. 代码窗口

2. 下列关于窗体上控件的基本操作错误的是_____。
　　A. 按下一次 DEL 键可以同时删除多个控件
　　B. 按住 SHIFT 键,然后单击每个要选择的控件,可以同时选中多个控件
　　C. 按住 ALT 键,然后单击每个要选择的控件,可以同时选中多个控件
　　D. 按一次 DEL 键只能删除一个控件

3. 以下关于窗体的叙述中错误的是_____。
　　A. 窗体的 Name 属性用于标志一个窗体
　　B. 运行程序时,改变窗体大小,能够触发窗体的 Resize 事件
　　C. 窗体的 Enabled 属性为 False 时,不能响应单击窗体的事件
　　D. 程序运行期间,可以改变 Name 属性值

4. 一个对象可以执行的动作和可被对象识别的动作分别称为_____。
　　A. 事件、方法　　　B. 过程、事件　　　C. 方法、事件　　　D. 属性、方法

5. 改变控件在窗体中的上下位置应修改控件的_____属性。
　　A. Wide　　　　　　B. Top　　　　　　C. Height　　　　　D. Left

6. 以下合法的 VB 变量名是哪些_____。
　　A. case　　　　　　B. name10　　　　　C. t—name　　　　D. x＊y

7. 下列能够正确表示条件"X≤Y<Z"的 VB 逻辑表达式是_____。
　　A. X≤Y<Z　　　　　　　　　　　　　B. X<=Y　And　Y<Z
　　C. X≤Y　OR　Y<Z　　　　　　　　　　D. X<=Y<Z

8. 设窗体文件中有下面的事件过程:
Private Sub Command1_Click()
　　Dim s ：　　a%=100　：　Print　a
End Sub
其中变量 a 和 s 的数据类型分别是_____。
　　A. 整型,整型　　　　　　　　　　　　B. 变体型,变体型

　　C. 整型, 变体型　　　　　　　　　　D. 变体型, 整型

9. Rnd 函数不可能产生的值是_____。

　　A. 1　　　　　　　B. 0.1234　　　　　　C. 0　　　　　　D. 0.00005

10. 下面_____是日期型常量。

　　　A. {12/19/99}　　　B. 12/19/99　　　C. "12/19/99"　　　D. ♯12/19/99♯

11. 表达式 Fix(5.6)+Int(−5.6)的值是_____。

　　A. 0　　　　　　　　B. −1　　　　　　　C. 1　　　　　　D. 以上都不对

12. 设程序中有如下语句:

X=inputbox("输入","数据",100)

Print X

运行程序,执行上述语句,输入 5 并单击输入对话框上的"取消"按钮,则窗体上输出

_____。

　　A. 0　　　　　　　　B. 5　　　　　　　C. 100　　　　　　D. 空白

13. 设有分段函数:

$$y=\begin{cases} 5 & x<0 \\ 2*x & 0\leqslant x\leqslant 5 \\ x*x+1 & x>5 \end{cases}$$

以下表示上述分段函数的语句序列中错误的是_____。

　　A. Select Case x

　　　　Case Is<0

　　　　　　　y=5

　　　　Case Is <=5,Is>0

　　　　　　　y=2*x

　　　　Case Is>5

　　　　　　y=x*x+1

　　　　End Case

　　B. If x<0 Then

　　　　　　y=5

　　　　else if

　　　　　x<=5 then

　　　　　y=2*x

　　　　else

　　　　　　y=x*x+1

　　　　End If

　　C. y=IIf(x<0,5,IIf(x<=5,2*x,x*x+1))

　　D. If x<0 Then y=5

　　　　If x<=5 and x>=0 then y=2*x

　　　　If x>5 then y=x*x+1

14. 设有如下程序:

Private Sub Form_Click()

```
Dim i As Integer，x As String，y As String
x="ABCDEFG"
For i=4 To 1 Step -1
    y=Mid(x，i，i)+y
Next i
Print y
End Sub
```

程序运行后，单击窗体，输出结果是_____。

A. ABCCDEDEFG   B. AABBCDEFG

C. ABCDEFG   D. AABBCCDDEEFFGG

15. 循环结构 For i%= -1 to -17 Step -2 共执行_____次。

A. 5   B. 8   C. 9   D. 6

16. 现有如下一段程序：

```
Option Base 1
Private Sub Command1_Click()
    Dim a
    a=Array(3,5,7,9)
    x=1
    For i=4 to 1 Step -1            。
        s=s+ a(i) * x
        x=x * 10
    Next
    Print s
End Sub
```

执行程序，单击 Command1 命令按钮，执行上述事件过程，输出结果是_____。

A. 9753   B. 3579   C. 35   D. 79

17. 若在窗体模块的声明部分声明了如下自定义类型和数组

```
Private Type rec
    Code As Integer
    Caption As String
End Type
Dim arr(5) As rec
```

则下面的输出语句中正确的是_____。

A. Print arr. Code(2)，arr. Caption(2)   B. Print arr. Code，arr. Caption

C. Print arr(2). Code，arr(2). Caption   D. Print Code(2)，Caption(2)

18. 设窗体上有一个名为 List1 的列表框，并编写下面的事件过程：

```
Private Sub List1_Click()
    Dim ch as String
    ch=List1. List(List1. ListIndex)
    List1. RemoveItem List1. ListIndex
```

List1. AddItem ch

　　End Sub

程序运行时,单击一个列表项,则产生的结果是＿＿＿＿＿。

　　A. 该列表项被移到列表的最前面

　　B. 该列表项被删除

　　C. 该列表项被移到列表的最后面

　　D. 该列表项被删除后又在原位置插入

19. 设有如下程序段

Dim a(10)

...

For Each x In a

　　print x;

next x

在上面的程序段中,变量 x 必须是＿＿＿＿＿。

　　A. 整型变量　　　　B. 变体型变量　　C. 动态数组　　　D. 静态数组

20. 在窗体中添加一个命令按钮,然后编写如下代码:

Private Sub Command1_Click()

　　　Dim this() as Integer

　　　ReDim this(4)

　　　For i＝1 To 4

　　　　this(i)＝i * 3

　　　Next

　　　ReDim this(6)

　　　For i＝1 To 6

　　　　this(i)＝this(i)＋i

　　　Next

　　　Print this(3);this(6)

　　End Sub

程序运行后,则窗体上显示的内容为＿＿＿＿＿。

　　A. 12　6　　　　　B. 10　6　　　　　C. 8　0　　　　D. 3　6

21. 设有如下函数过程

Private Function Fun(a() as Integer,b as string) as Integer

　　...

End Function

若已有变量声明:

Dim x(5) as integer,n as integer,ch as string

则下面正确的过程调用语句是＿＿＿＿＿。

　　A. x(0)＝Fun(x,"ch")　　　　　　　B. n＝Fun(n,ch)

　　C. Call Fun x,"ch"　　　　　　　　D. n＝Fun(x(5),ch)

22. 要想从子过程调用后返回两个结果,下面子过程语句说明合法的是＿＿＿＿＿。

A. Sub f1(n％,ByVal m％)   B. Sub f1(ByVal n％,m％)

C. Sub f1(n％,m％)   D. Sub f2(ByVal n％,ByVal m％)

23. 以下说法中正确的是_____。

A. MouseUp 事件是鼠标向上移动时触发的事件

B. MouseUp 事件过程中的 x,y 参数用于修改鼠标位置

C. 在 MouseUp 事件过程中可以判断用户是否使用了组合键

D. 在 MouseUp 事件过程中不能判断鼠标的位置

24. 在窗体上画一个名称为 CD1 的通用对话框,并有如下程序:

Private Sub Form_Load()

    CD1. DefaultExt＝"doc"

    CD1. FileName＝"c:\\filel. txt"

    CD1. Filter＝"应用程序(* .exe)| * .exe"

End Sub

程序运行时,如果显示了"打开"对话框,在"文件类型"下拉列表中的默认文件类型是

_____。

A. 应用程序(* .exe)   B. * .doc

C. * .txt   D. 不确定

25. 有弹出式菜单的结构如表 3－1 所示,程序运行时,单击窗体则弹出如图 3－1 所示的菜单。

下面的事件过程中能正确实现这一功能的是_____。

表 3－1

内容	标题	名称
无	编辑	edit
...	剪切	cut
...	粘贴	paste

图 3－1 弹出菜单效果

A. Private Sub Form_Click()

    PopupMenu   cut

  End Sub

B. Private Sub Command1_Click()

    PopupMenu   edit

  End Sub

C. Private Sub Form_Click()

    PopupMenu   edit

  End Sub

D. Private Sub Form_Click()

    PopupMenu   cut

    PopupMenu   paste

  End Sub

26. 设窗体上有 1 个水平滚动条,已经通过属性窗口把它的 Max 属性设置为 1,Min 属性设置为 100。下面叙述中正确的是_____。

A. 程序运行时,若使滚动块向左移动,滚动条的 Value 属性值就增加

B. 程序运行时,若使滚动块向左移动,滚动条的 Value 属性值就减少

C. 由于滚动条的 Max 属性值小于 Min 属性值,程序会出错

D. 由于滚动条的 Max 属性值小于 Min 属性值,程序运行时滚动条的长度会缩为一点,滚动块无法移动

27. 单击滚动条两端的任一个滚动箭头,将触发该滚动条的_____事件。

    A. Scroll   B. Change   C. KeyDown   D. Dragover

28. 假定用下面的语句打开文件:

    Open "File. txt" For Input As #1

则不能正确读文件的语句是_____。

    A. Input #1,Ch $ B. Line Input #1,ch $

    C. ch $ =Input $(5,#1)   D. Read #1,ch $

29. 设有打开文件的语句如下:

Open "test. dat" For Random As #1

要求把变量 a 中的数据保存到该文件中,应该使用的语句是_____。

    A. Input #1, a   B. Write #1, a

    C. Put #1, a   D. Get #1, a

30. 下列哪一种文件打开方式是以顺序文件方式打开文件并作写操作_____。

    A. Open "c:\\file1. dat" For Write as #1

    B. Open "c:\\file1. dat" For Output as #1

    C. Open "c:\\file1. dat" For Append as #1

    D. Open "c:\\file1. dat" For Input as #1

三、VB 窗体设计(共 3 题 共计 40 分)

第 1 题(10.0 分)

请在窗体上画两个框架,其名称分别为 F1 和 F2,标题分别为"交通工具"和"到达目标"。在 F1 中画两个单选按钮,名称分别为 Op1 和 Op2,标题分别为"汽车"和"轮船"。在 F2 中画两个单选按钮,名称分别为 Op3 和 Op4,标题分别为"青岛"和"大连"。画一个文本框,其名称为 Text1。编写适当事件过程。程序运行后,选择不同单选按钮并单击文本框后在文本框内显示结果如表 3-2 与图 3-2 所示。

表 3-2

选中的单选按钮	交通工具	到达目标	单击文本框后,文本框中显示的内容
第一种情况	汽车	青岛	坐汽车去青岛
第二种情况	汽车	大连	坐汽车去大连
第三种情况	轮船	青岛	坐轮船去青岛
第四种情况	轮船	大连	坐轮船去大连

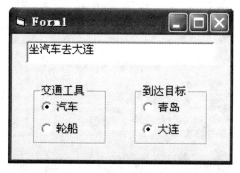

图 3-2　程序运行界面

第 2 题(15.0 分)

定义三个数组:

第一个数组包括 10 个 90～100(包括 90 和 100)的随机整数;

第二个数组包括 10 个 10～20(包括 10 和 20)的随机整数;

第三个数组的值由前两个数组的值来计算。

把两个数组中对应下标的元素相除并截尾取整后,结果放入三个数组中(即把第一个数组的第 n 个元素除以第二个数组的第 n 个元素,结果截尾取整后作为第三个数组的第 n 个元素。这里的 n 为 1,2,…,20)。

最后计算第三个数组各元素之和,并把所求得的和在窗体上显示出来,运行效果如图 3-3 所示。

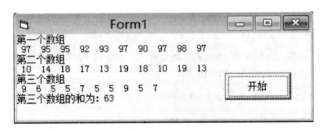

图 3-3 数组计算

第 3 题(15.0 分)

窗体添加两个文本框,名称分别为 Text1、Text2;还有三个命令按钮,名称分别为 C1、C2、C3,标题分别为"输入"、"计算"、"存盘"。运行时,单击"输入"按钮,就把文件 file1.txt 中的整数放入 Text1 中;单击"计算"按钮,则找出大于 Text1 中的整数的第一个素数,并显示在 Text2 中;单击"存盘"按钮,则把 Text2 中的计算结果存入 file2.txt 文件中。运行效果如图 3-4 所示。

要求 定义函数过程 isprime(a)功能是判断参数 a 是否为素数,如果是素数,则返回 True,否则返回 False。

图 3-4 素数判断

模拟选择题（1）

1. 下列叙述中正确的是_____。
   A. 算法就是程序
   B. 设计算法时只需要考虑数据结构的设计
   C. 设计算法时只需要考虑结果的可靠性
   D. 以上三种说法都不对

2. 下列叙述中正确的是_____。
   A. 有一个以上根结点的数据结构不一定是非线性结构
   B. 只有一个根结点的数据结构不一定是线性结构
   C. 循环链表是非线性结构
   D. 双向链表是非线性结构

3. 下列关于二叉树的叙述中，正确的是_____。
   A. 叶子结点总是比度为2的结点少一个
   B. 叶子结点总是比度为2的结点多一个
   C. 叶子结点数是度为2的结点数的两倍
   D. 度为2的结点数是度为1的结点数的两倍

4. 软件生命周期中的活动不包括_____。
   A. 市场调研   B. 需求分析
   C. 软件测试   D. 软件维护

5. 某系统总体结构图如图3-5所示，该系统总体结构图的深度是_____。

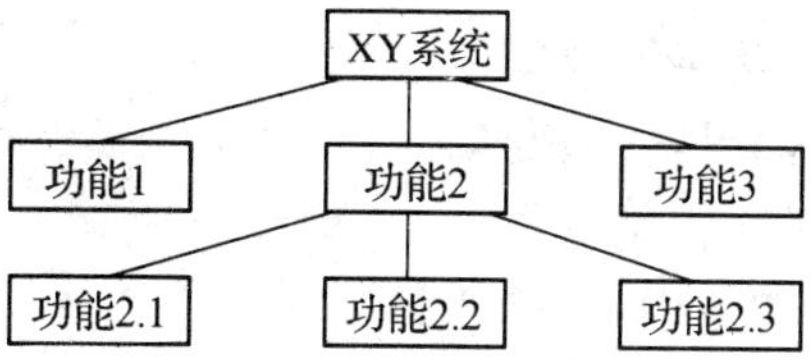

图3-5 系统总体结构图

   A. 7   B. 6   C. 3   D. 2

6. 程序调试的任务是_____。
   A. 设计测试用例   B. 验证程序的正确性
   C. 发现程序中的错误   D. 诊断和改正程序中的错误

7. 下列关于数据库设计的叙述中，正确的是_____。
   A. 在需求分析阶段建立数据字典   B. 在概念设计阶段建立数据字典
   C. 在逻辑设计阶段建立数据字典   D. 在物理设计阶段建立数据字典

8. 数据库系统的三级模式不包括_____。
   A. 概念模式   B. 内模式
   C. 外模式   D. 数据模式

9. 有三个关系 R,S 和 T 如图 3-6 所示,则由关系 R 和 S 得到关系 T 的操作是_____。

R

A	B	C
a	1	2
b	2	1
c	3	1

S

A	D
c	4

T

A	B	C	D
c	3	1	4

图 3-6

    A. 自然连接   B. 交   C. 投影   D. 并

10. 下列选项中属于面向对象设计方法主要特征的是_____。

    A. 继承   B. 自顶向下

    C. 模块化   D. 逐步求精

11. 以下合法的 VB 变量名是_____。

    A. ♯_1   B. 123_a   C. string   D. x_123

12. 以下关于 VB 的叙述中,错误的是_____。

    A. VB 采用事件驱动方式运行

    B. VB 既能以解释方式运行,也能以编译方式运行

    C. VB 程序代码中,过程的书写顺序与执行顺序无关

    D. VB 中一个对象对应一个事件

13. 有如下数据定义语句:

Dim X,Y As Integer

以上语句表明_____。

    A. X、Y 均是整型变量

    B. X 是整型变量,Y 是变体类型变量

    C. X 是变体类型变量,Y 是整型变量

    D. X 是整型变量,Y 是字符型变量

14. 以下关于控件数组的叙述中,正确的是_____。

    A. 数组中各个控件具有相同的名称

    B. 数组中可包含不同类型的控件

    C. 数组中各个控件具有相同的 Index 属性值

    D. 数组元素不同,可以响应的事件也不同

15. 以下关于 VB 文件的叙述中,错误的是_____。

    A. 标准模块文件不属于任何一个窗体

    B. 工程文件的扩展名为. frm

    C. 一个工程只有一个工程文件

    D. 一个工程可以有多个窗体文件

16. 设 x 为一整型变量,且分支语句的开始为:Select Case x,则不符合语法规则的 Case 子句是_____。

    A. Case Is>20   B. Case 1 To 10

    C. Case 0<Is And IS<20   D. Case 2,3,4

17. 现有如下语句：

    x=IIf(a>50, Int(a\\3), a Mod 2),

当 a=52 时,x 的值是_____。

    A. 0   B. 1   C. 17   D. 18

18. 设有如下数组定义语句：

    Dim a(−1 To 4, 3)As Integer

以下叙述中正确的是_____。

    A. a 数组有 18 个数组元素   B. a 数组有 20 个数组元素

    C. a 数组有 24 个数组元素   D. 语法有错

19. 以下叙述中错误的是_____。

    A. Sub Main 是定义在标准模块中的特定过程

    B. 一个工程中只能有一个 Sub Main 过程

    C. Sub Main 过程不能有返回值

    D. 当工程中含有 Sub Main 过程时,工程执行时一定最先执行该过程

20. 关于随机文件,以下叙述中错误的是_____。

    A. 使用随机文件能节约空间

    B. 随机文件记录中,每个字段的长度是固定的

    C. 随机文件中,每个记录的长度相等

    D. 随机文件的每个记录都有一个记录号

21. 在名称为 Frame1 的框架中,有两个名称分别为 op1、op2 的单选按钮,标题分别为"单程"、"往返",如图 3−7 所示。

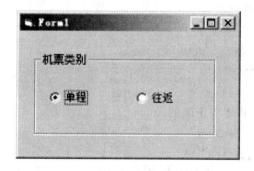

图 3−7 机票类别

以下叙述中,正确的是_____。

    A. 若仅把 Frame1 的 Enabled 属性设为 False,则 op1、op2 仍可用

    B. 对于上图,op1. Value 的值为 True

    C. 对于上图,执行 Op1. Value=False 命令,则"往返"单选按钮被选中

    D. 对于上图,执行 Op1. Value=0 命令,程序出错

22. 以下能够设置控件焦点的方法是_____。

    A. SetFocus   B. GotFocus

    C. LostFocus   D. TabStop

23. 使用 Line 控件在窗体上画一条从(0,0)到(600,700)的直线,则其相应属性的值应

是_____。

    A. X1＝0，X2＝600，Y1＝0，Y2＝700

    B. Y1＝0，Y2＝600，X1＝0，X2＝700

    C. X1＝0，X2＝0，Y1＝600，Y2＝700

    D. Y1＝0，Y2＝0，X1＝600，X2＝700

24. 设有窗体的 Form_MouseMove 事件过程如下：

Private Sub Form_MouseMove(Button As Integer, Shift As Integer, X As Single, Y As Single)

    If(Button And 3)＝3 Then

        Print "检查按键"

    End If

End Sub

关于上述过程，以下叙述中正确的是_____。

    A. 按下鼠标左键时，在窗体上显示"检查按键"

    B. 按下鼠标右键时，在窗体上显示"检查按键"

    C. 同时按下鼠标左、右键时，在窗体上显示"检查按键"

    D. 不论做何种操作，窗体上都不会显示

25. 窗体上有一个名称为 CD1 的通用对话框，一个名称为 Command1 的命令按钮，相应的事件过程如下：

Private Sub Command1_Click()

    CD1. Filter＝"All File| ＊. ＊|Text File| ＊. txt|PPT| ＊. ppt"

    CD1. FilterIndex＝2

    CD1. InitDir＝"C："

    CD1. FileName＝"default"

    CD1. ShowSave

End Sub

关于上述过程，以下叙述中正确的是_____。

    A. 默认过滤器为"＊. ppt"

    B. 指定的初始目录为"C:\\"

    C. 打开的文件对话框的标题为"default"

    D. 上面事件过程实现保存文件的操作

26. 以下关于窗体的叙述中，错误的是_____。

    A. Hide 方法能隐藏窗体，但窗体仍在内存中

    B. 使用 Show 方法显示窗体时，一定触发 Load 事件

    C. 移动或放大窗体时，会触发 Paint 事件

    D. 双击窗体时，会触发 DblClick 事件

27. 下列控件中，没有 Caption 属性的是_____。

    A. 单选按钮   B. 复选框   C. 列表框   D. 框架

28. 将数据项"Student"添加到名称为 List1 的列表框中，并使其成为列表框第一项的语句为_____。

A. List1. AddItem "Student", 0　　　　B. List1. AddItem "Student", 1

C. List1. AddItem 0,"Student"　　　　D. List1. AddItem 1,"Student"

29. 下列针对框架控件的叙述中,错误的是_____。

A. 框架是一个容器控件

B. 框架也有 Click 和 DblClick 事件

C. 框架也可以接受用户的输入

D. 使用框架的主要目的是为了对控件进行分组

30. 若窗体上有一个名为 Command1 的命令按钮,并有下面的程序:

```
Private Sub Command1_Click()
    Dim arr(5) As Integer
    For k=1 To 5
        arr(k)=k
    Next k
    prog arr()
    For k=1 To 5
        Print arr(k);
    Next k
End Sub
Sub prog(a() As Integer)
    n=UBound(a)
    For i=n To 2 step-1
        For j=1 To n-1
            if a(j)<a(j+1) Then
                t=a(j):a(j)=a(j+1):a(j+1)=t
            End If
        Next j
    Next i
End Sub
```

程序运行时,单击命令按钮后显示的是_____。

A. 1 2 3 4 5　　　　　　B. 5 4 3 2 1

C. 0 1 2 3 4　　　　　　D. 4 3 2 1 0

31. 下面程序运行时,若输入"Visual Basic Programming",则在窗体上输出的是_____。

```
Private Sub Command1_Click()
    Dim count(25) As Integer, ch As String
    ch=UCase(InputBox("请输入字母字符串"))
    For k=1 To Len(ch)
        n=Asc(Mid(ch,k,1))-Asc("A")
        If n>=0 Then
            count(n)=count(n)+1
```

```
        End If
    Next k
    m＝count(0)
    For k＝1 To 25
        If m＜count(k)Then
            m＝count(k)
        End If
    Next k
    Print m
End Sub
```
　　A. 0　　　　　　　B. 1　　　　　　　C. 2　　　　　　　D. 3

32. 在窗体上画一个命令按钮和一个文本框,其名称分别为 Command1 和 Text1,把文本框的 Text 属性设置为空白,然后编写如下事件过程:

```
Private Sub Command1_Click()
    a＝InputBox("Enter an integer")
    b＝Text1. Text
    Text1. Text＝b＋a
End Sub
```

　　程序运行后,在文本框中输入 456,然后单击命令按钮,在输入对话框中输入 123,则文本框中显示的内容是_____。
　　A. 579　　　　　　B. 123　　　　　　C. 456123　　　　D. 456

33. 在窗体上画一个名称为 Text1 的文本框和一个名称为 Command1 的命令按钮,然后编写如下事件过程:

```
Private Sub Command1_Click()
    Dim i As Integer, n As Integer
    For i＝0 To 50
        i＝i＋3
        n＝n＋1
        If i＞10 Then Exit For
    Next
    Text1. Text＝Str(n)
End Sub
```

　　程序运行后,单击命令按钮,在文本框中显示的值是_____。
　　A. 2　　　　　　　B. 3　　　　　　　C. 4　　　　　　　D. 5

34. 设有如下的程序段:

```
n＝0
For i＝1 To 3
    For j＝1 To i
        For k＝j To 3
    n＝n＋1
```

```
        Next k
      Next j
    Next i
```
执行上面的程序段后,n 的值为_____。

 A. 3   B. 21   C. 9   D. 14

35. 在窗体上画一个名称为 Command1 的命令按钮,一个名称为 Label1 的标签,然后编写如下事件过程:

```
    Private Sub Command1_Click()
      s=0
      For i=1 To 15
        X=2 * i-1
        If x Mod 3=0 Then s=s+1
      Next i
      Label1. Caption=s
    End Sub
```
程序运行后,单击命令按钮,则标签中显示的内容是_____。

 A. 1   B. 5   C. 27   D. 45

36. 阅读程序:

```
    Private Sub Form_Click()
      x=50
      For i=1 To 4
        Y=InputBox("请输入一个整数")
        y=Val(y)
        If y Mod 5=0 Then
            a=a+y
            x=y
        Else
            a=a+x
        End If
      Next i
      Print a
    End Sub
```
程序运行后,单击窗体,在输入对话框中依次输入 15、24、35、46,输出结果为_____。

 A. 100   B. 50   C. 120   D. 70

37. 在窗体上画一个名称为 Text1 的文本框和一个名称为 Command1 的命令按钮,然后编写如下事件过程:

```
    Private Sub Command1_Click()
      Dim array1(10,10)As Integer
      Dim i As Integer, j As Integer
      For i=1 To 3
```

```
        For j＝2 To 4
            array1(i,j)＝i＋j
        Next j
    Next i
    Text1. Text＝array1(2,3)＋array1(3,4)
End Sub
```

程序运行后,单击命令按钮,在文本框中显示的值是_____。

     A. 15   B. 14   C. 13   D. 12

38. 在窗体上画一个名称为 Command1 的命令按钮,然后编写如下程序:

```
Option Base 1
Private Sub Command1_Click()
    d＝0
    c＝10
    x＝Array(10, 12, 21, 32, 24)
    For i＝1 To 5
        If x(i)＞c Then
            d＝d＋x(i)
            c＝x(i)
        Else
            d＝d－c
        End If
    Next i
    Print d
End Sub
```

程序运行后,如果单击命令按钮,则在窗体上输出的内容为_____。

     A. 89   B. 99   C. 23   D. 77

39. 假定有以下通用过程:

```
Function Fun(n As Integer)As Integer
    x＝n ＊ n
    Fun＝x－11
End Function
```

在窗体上画一个命令按钮,其名称为 Command1,然后编写如下事件过程:

```
Private Sub Command1_Click()
    Dim i As Integer
    For i＝1 To 2
        y＝Fun(i)
        Print y;
    Next i
End Sub
```

程序运行后,单击命令按钮,在窗体上显示的内容是_____。

A. 1 3   B. 10 8   C. −10 −7   D. 0 5

40. 设有如下通用过程：

```
Public Function f(x As Integer)
    Dim y As Integer
    x=20
    y=2
    f=x * y
End Function
```

在窗体上画一个命令按钮,其名称为 Command1,然后编写如下事件过程：

```
Private Sub Command1_Click()
    Static x As Integer
    x=10
    y=5
    y=f(x)
    Print x; y
End Sub
```

程序运行后,如果单击命令按钮,则在窗体上显示的内容是_____。

A. 10 5   B. 20 40   C. 20 5   D. 10 40

模拟选择题（2）

1. 下列叙述中正确的是_____。
   A. 循环队列是队列的一种链式存储结构
   B. 循环队列是队列的一种顺序存储结构
   C. 循环队列是非线性结构
   D. 循环队列是一种逻辑结构

2. 下列关于线性链表的叙述中，正确的是_____。
   A. 各数据结点的存储空间可以不连续,但它们的存储顺序与逻辑顺序必须一致
   B. 各数据结点的存储顺序与逻辑顺序可以不一致,但它们的存储空间必须连续
   C. 进行插入与删除时,不需要移动表中的元素
   D. 以上说法均不正确

3. 一棵二叉树共有 25 个结点,其中 5 个是叶子结点,则度为 1 的结点数为_____。
   A. 16   B. 10   C. 6   D. 4

4. 在下列模式中,能够给出数据库物理存储结构与物理存取方法的是_____。
   A. 外模式   B. 内模式   C. 概念模式   D. 逻辑模式

5. 在满足实体完整性约束的条件下_____。
   A. 一个关系中应该有一个或多个候选关键字
   B. 一个关系中只能有一个候选关键字
   C. 一个关系中必须有多个候选关键字
   D. 一个关系中可以没有候选关键字

6. 有三个关系 R、S 和 T 如图 3-8 所示,则由关系 R 和 S 得到关系 T 的操作是_____。

R

A	B	C
a	1	2
b	2	1
c	3	1

S

A	B
c	3

T

C
1

图 3-8

   A. 自然连接   B. 交   C. 除   D. 并

7. 下面描述中,不属于软件危机表现的是_____。
   A. 软件过程不规范   B. 软件开发生产率低
   C. 软件质量难以控制   D. 软件成本不断提高

8. 下面不属于需求分析阶段任务的是_____。
   A. 确定软件系统的功能需求   B. 确定软件系统的性能需求
   C. 需求规格说明书评审   D. 制定软件集成测试计划

9. 在黑盒测试方法中,设计测试用例的主要根据是_____。
   A. 程序内部逻辑   B. 程序外部功能

C. 程序数据结构　　　　　　　　　　　D. 程序流程图

10. 在软件设计中不使用的工具是＿＿＿＿＿。

A. 系统结构图　　　　　　　　　　　　B. PAD 图

C. 数据流图(DFD 图)　　　　　　　　D. 程序流程图

11. 以下变量名中合法的是＿＿＿＿＿。

A. x—2　　　　　B. 12abc　　　　　C. sum_total　　　　D. print

12. 已知 a＝6,b＝15,c＝23,则语句 Print Sgn(a＋b Mod 6－c\\a)＆ a＋b 的输出结果为＿＿＿＿＿。

A. 6　　　　　　B. 16　　　　　　C. 31　　　　　　D. 121

13. 以下叙述中错误的是＿＿＿＿＿。

A. 续行符与它前面的字符之间至少要有一个空格

B. Visual Basic 中使用的续行符为下划线(_)

C. 以撇号(′)开头的注释语句可以放在续行符的后面

D. Visual Basic 可以自动对输入的内容进行语法检查

14. 以下关于多重窗体程序的叙述中,错误的是＿＿＿＿＿。

A. 对于多重窗体程序,需要单独保存每个窗体

B. 在多重窗体程序中,可以根据需要指定启动窗体

C. 在多重窗体程序中,各窗体的菜单是彼此独立的

D. 用 Hide 方法不仅可以隐藏窗体,而且还可以清除内存中的窗体

15. 以下关于文件的叙述中,错误的是＿＿＿＿＿。

A. 顺序文件中的记录是一个接一个地顺序存放

B. 随机文件中记录的长度是随机的

C. 文件被打开后,自动生成一个文件指针

D. EOF 函数用来测试是否到达文件尾

16. 下面不是键盘事件的是＿＿＿＿＿。

A. KeyDown　　　B. KeyUp　　　　C. KeyPress　　　D. KeyCode

17. 语句 Dim Arr(－2 To 4)As Integer 所定义的数组的元素个数为＿＿＿＿＿。

A. 7 个　　　　　B. 6 个　　　　　C. 5 个　　　　　D. 4 个

18. 为了使窗体左上角不显示控制框,需设置为 False 的属性是＿＿＿＿＿。

A. Visible　　　　　　　　　　　　　　B. Enabled

C. ControlBox　　　　　　　　　　　　D. Caption

19. 窗体上有 1 个名称为 Text1 的文本框,1 个名称为 Label1 的标签。程序运行后,如果在文本框中输入信息,则立即在标签中显示相同的内容。以下可以实现上述操作的事件过程为＿＿＿＿＿。

A. Private Sub Label1_Click()

　　　Label1. Caption＝Text1. Text

　End Sub

B. Private Sub Label1_Change()

　　　Label1. Caption＝Text1. Text

　End Sub

C. Private Sub Text1_Click()

　　　Label1. Caption＝Text1. Text

　　End Sub

D. Private Sub Text1_Change()

　　　Label1. Caption＝Text1. Text

　　End Sub

20. 对窗体上名称为 Command1 的命令按钮,编写如下事件过程:

Private Sub Command1_Click()

　　Move 200，200

End Sub

程序运行时,单击命令按钮,则产生的操作是_____。

　　A. 窗体左上角移动到距屏幕左边界、上边界各 200 的位置

　　B. 窗体左上角移动到距屏幕右边界、上边界各 200 的位置

　　C. 窗体由当前位置向左、向上各移动 200

　　D. 窗体由当前位置向右、向下各移动 200

21. 为了使每秒钟发生一次计时器事件,可以将其 Interval 属性设置为_____。

　　A. 1　　　　　　　　B. 10　　　　　　　　C. 100　　　　　　　　D. 1000

22. 能够将组合框 Combo1 中最后一个数据项删除的语句为_____。

　　A. Combo1. RemoveItem Combo1. ListCount

　　B. Combo1. RemoveItem Combo1. ListCount－1

　　C. Combo1. RemoveItem Combo1. ListIndex

　　D. Combo1. RemoveItem Combo1. ListIndex－1

23. 用来设置文字字体是否为粗体的属性是_____。

　　A. FontItalic　　　　　　　　　　　　B. FontUnderline

　　C. FontSize　　　　　　　　　　　　　D. FontBold

24. 以下不能触发滚动条 Change 事件的操作是_____。

　　A. 拖动滚动框

　　B. 单击两端的滚动箭头

　　C. 单击滚动框

　　D. 单击滚动箭头与滚动框之间的滚动条

25. 确定图片框 Picture1 在窗体上位置的属性是_____。

　　A. Width 和 Height　　　　　　　　　B. Left 和 Top

　　C. Width 和 Top　　　　　　　　　　 D. Height 和 Left

26. 以下不属于单选按钮的属性是_____。

　　A. Caption　　　　　B. Name　　　　　C. Min　　　　　D. Enabled

27. 以下关于图片框控件的说法中,错误的是_____。

　　A. 可以通过 Print 方法在图片框中输出文本

　　B. 图片框控件中的图形可以在程序运行过程中被清除

　　C. 图片框控件中可以放置其他控件

　　D. 用 Stretch 属性可以自动调整图片框中图形的大小

28. 为了清除列表框中指定的项目,应使用的方法是_____。

　　A. Cls　　　　　　B. Clear　　　　　　C. Remove　　　　　D. RemoveItem

29. 假定 Picture1 和 Text1 分别为图片框和文本框的名称,则下列错误的语句是_____。

　　A. Print 25　　　　　　　　　　　B. Picture1. Print 25

　　C. Text1. Print 25　　　　　　　　D. Debug. Print 25

30. 设在工程文件中有一个标准模块,其中定义了如下记录类型:

Type Books

　　Name As String ＊ 10

　　TelNum As String ＊ 20

End Type

　　在窗体上画一个名为 Command1 的命令按钮,要求当执行事件过程 Command1_Click 时,在顺序文件 Person. txt 中写入一条记录。下列能够完成该操作的事件过程是_____。

　　A. Private Sub Command1_Click()

　　Dim B As Books

　　Open "c:\\Person. txt" For Output As ＃1

　　B. Name＝InputBox("输入姓名")

　　B. TelNum＝InputBox("输入电话号码")

　　Write ＃1, B. Name, B. TelNum

　　Close ＃1

　　End Sub

　　B. Private Sub Command1_Click()

　　Dim B As Books

　　Open "c:\\Person. txt" For Input As ＃1

　　B. Name＝InputBox("输入姓名")

　　B. TelNum＝InputBox("输入电话号码")

　　Print ＃1, B. Name, B. TelNum

　　Close ＃1

　　End Sub

　　C. Private Sub Command1_Click()

　　Dim B As Books

　　Open "c:\\Person. txt" For Output As ＃1

　　B. Name＝InputBox("输入姓名")

　　B. TelNum＝InputBox("输入电话号码")

　　Write ＃1, B

　　Close ＃1

　　End Sub

　　D. Private Sub Command1_Click()

　　Open "c:\\Person. txt" For Input As ＃1

```
    Name＝InputBox("输入姓名")
    TelNum＝InputBox("输入电话号码")
    Print  ＃1，Name，TelNum
    Close ＃1
    End Sub
```

31. 运行如下程序

```
   Private Sub Command1_Click()
      Dim a(5，5)As Integer
      For i＝1 To 5
         For j＝1 To 4
            a(i，j)＝i ＊ 2＋j
            If a(i，j)/ 7＝a(i，j)\\7 Then
                 n＝n＋1
            End If
         Next j
      Next
      Print n
   End Sub
```

n 的值是_____。

   A. 2   B. 3   C. 4   D. 5

32. 窗体上有单选钮和列表框控件。单击名称为 Option1、标题为"国家"的单选钮，向列表框中添加国家名称，如图 3－9 所示。

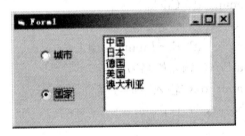

图 3-9 国家名称

Option1 的单击事件过程如下：

```
   Private Sub Option1_Click()
      Dim arr
      arr＝Array("中国","日本","德国","美国","澳大利亚")
      List1. Clear
      For i＝0 To Ubound(arr)
         List1. AddItem arr(i)
      Next
   End Sub
```

以下关于上述代码的叙述中，正确的是_____。

A. 程序有错,没有声明数组的维数及上下界

B. 只有一维数组才能使用 Array 为数组赋初值

C. For 循环的终值应为 ListCount－1

D. For 循环的初值应为 1

33. 现有如下一段程序:

```
Private Sub Command1_Click()
    x＝UCase(InputBox("输入:"))
    Select Case x
        Case "A"   To   "C"
            Print "考核通过!"
        Case "D"
            Print "考核不通过 !"
        Case Else
            Print "输入数据不合法!"
    End Select
End Sub
```

执行程序,在输入框中输入字母"B",则以下叙述中正确的是_____。

A. 程序运行错

B. 在窗体上显示"考核通过!"

C. 在窗体上显示"考核不通过 !"

D. 在窗体上显示"输入数据不合法!"

34. 窗体上有三个水平滚动条,名称分别为 HSRed、HSGreen 和 HSBlue,取值范围均是 0~255,代表颜色的三种基色。改变滚动框的位置,可以改变三种基色的值,从而改变窗体的背景色,如图 3-10 所示。

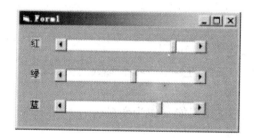

图 3-10　改变窗体的背景色

程序代码如下:

```
Dim color(3) As Integer
Private Sub Form_Load()
    Call fill(color())
End Sub
Private Sub fill(c() As Integer)
    Form1.BackColor＝RGB(c(1),c(2),c(3) )
End Sub
```

```
Private Sub HSRed_Change()
    color(1) = HSRed. Value
    Call fill(color())
End Sub
Private Sub HSGreen_Change()
    color(2) = HSGreen. Value
    Call fill(color())
End Sub
Private Sub HSBlue_Change()
    color(3) = HSBlue. Value
    Call fill(color())
End Sub
```

关于以上程序,如下叙述中错误的是_____。

  A. color 是窗体级整型数组

  B. 改变任何一个滚动条滚动框的位置,窗体的背景色将立刻随之改变

  C. 3 个滚动条 Change 事件过程中只设置了一个 color 数组元素的值,调用 fill 过程失败

  D. fill 函数定义中的形式参数是数组型参数

35. 命令按钮 Command1 的单击事件过程如下:

```
Private Sub Command1_Click()
    x=10
    Print f(x)
End Sub
Private Function f(y As Integer)
    f=y * y
End Function
```

运行上述程序,如下叙述中正确的是_____。

  A. 程序运行出错,x 变量的类型与函数参数的类型不符

  B. 在窗体上显示 100

  C. 函数定义错,函数名 f 不能又作为变量名

  D. 在窗体上显示 10

36. 窗体上有 1 个名称为 Text1、内容为空的文本框。编写如下事件过程:

```
Private Sub Text1_KeyUp(KeyCode As Integer,Shift As Integer)
    Print Text1. Text;
End Sub
```

运行程序,并在文本框中输入"123",则在窗体上的输出结果为_____。

  A. 123   B. 112   C. 12123   D. 112123

37. 窗体上有 1 个名称为 Command1 的命令按钮,事件过程如下:

```
Private Sub Command1_Click()
    Dim x%, y%, z%
```

```
    x=InputBox("请输入第 1 个整数")
    y=InputBox("请输入第 2 个整数")
    Do Until x=y
        If x>y Then x=x-y Else y=y-x
    Loop
    Print x
End Sub
```

运行程序,单击命令按钮,并输入 2 个整数 169 和 39,则在窗体上显示的内容为

_____。

   A. 11   B. 13   C. 23   D. 39

38. 窗体上有 1 个名称为 Command1 的命令按钮,事件过程及函数过程如下:

```
Private Sub Command1_Click()
    Dim m As String
    m=InputBox("请输入字符串")
    Print pick_str(m)
End Sub
Private Function pick_str(s As String)As String
    temp=""
    i=1
    sLen=Len(s)
    Do While i<=sLen / 2
        temp=temp+Mid(s, i, 1)+Mid(s, sLen-i+1, 1)
        i=i+1
    Loop
    pick_str=temp
End Function
```

运行程序,单击命令按钮,并在输入对话框中输入"basic",则在窗体上显示的内容为

_____。

   A. bcai   B. cbia   C. bcais   D. cbias

39. 窗体上有 1 个名称为 Command1 的命令按钮,事件过程及函数过程如下:

```
Private Sub Command1_Click()
    Dim p As Integer
    p=m(1) +m(2) +m(3)
    Print p
End Sub
Private Function m(n As Integer)As Integer
    Static s As Integer
    For i=1 To n
        s=s+1
    Next
```

```
        m＝s
    End Function
```

运行程序,第 2 次单击命令按钮 Command1 时的输出结果为_____。

    A. 6   B. 10   C. 16   D. 28

40. 在窗体上画一个名称为 Command1 的命令按钮,并编写如下事件过程:

```
Private Sub Command1_Click()
        x＝1
        s＝0
        For i＝1 To 5
            x＝x / i
            s＝s＋x
        Next
        Print s
    End Sub
```

该事件过程的功能是计算_____。

    A. $S=1+2+3+4+5$

    B. $s = 1 + \dfrac{1}{2} + \dfrac{1}{3} + \dfrac{1}{4} + \dfrac{1}{5}$

    C. $s = 1 + \dfrac{1}{2!} + \dfrac{1}{3!} + \dfrac{1}{4!} + \dfrac{1}{5!}$

    D. $s = 1 + \dfrac{1}{1\times 2} + \dfrac{1}{2\times 3} + \dfrac{1}{3\times 4} + \dfrac{1}{4\times 5}$

模拟选择题（3）

1. 在下列选项中，那个不是一个算法一般应该具有的基本特征_____。
   A. 无穷性　　　　　B. 可行性　　　　　C. 确定性　　　　　D. 有穷性

2. 下列关于栈的叙述中正确的是_____。
   A. 在栈中只能插入数据，不能删除数据
   B. 在栈中只能删除数据，不能插入数据
   C. 栈是先进后出（FILO）的线性表
   D. 栈是先进先出（FIFO）的线性表

3. 设有下列二叉树：

对此二叉树中序遍历的结果为_____。
   A. ACBDEF　　　　B. DEBFCA　　　　C. ABDECF　　　　D. DBEAFC

4. 下面描述中，符合结构化程序设计风格的是_____。
   A. 使用顺序、选择和重复（循环）三种基本控制结构表示程序的控制逻辑
   B. 模块只有一个入口，可以有多个出口
   C. 注重提高程序的执行效率
   D. 不使用 goto 语句

5. 软件生命周期中，能准确地确定软件系统必须做什么和必须具备哪些功能的阶段是_____。
   A. 概要设计　　　　　　　　　B. 软件设计
   C. 可行性研究和计划制定　　　D. 需求分析

6. 数据流图由一些特定的图符构成。下列图符名标志的图符不属于数据流图合法图符的是_____。
   A. 加工　　　　　B. 控制流　　　　　C. 数据存储　　　　D. 数据流

7. 下列叙述中正确的是_____。
   A. 数据库不需要操作系统的支持
   B. 数据库需要操作系统的支持
   C. 数据库是存储在计算机存储设备中的、结构化的相关数据的集合
   D. 数据库系统中，数据的物理结构必须与逻辑结构一致

8. 关系表中的每一横行称为一个_____。
   A. 字段　　　　　B. 元组　　　　　C. 行　　　　　D. 码

9. 关系数据库管理系统能实现的专门关系运算包括_____。

A. 选择、投影、连接　　　　　　　　B. 排序、查找、统计

C. 关联、更新、排序　　　　　　　　D. 显示、打印、制表

10. 数据库概念设计的过程中,以下各项中不属于视图设计设计次序的是_____。

A. 自顶向下　　　　　　　　　　　　B. 由整体到个体

C. 由内向外　　　　　　　　　　　　D. 由底向上

11. Visual Basic 集成环境由若干窗口组成,其中不能隐藏(关闭)的窗口是_____。

A. 主窗口　　　　　　　　　　　　　B. 属性窗口

C. 立即窗口　　　　　　　　　　　　D. 窗体窗口

12. 为了声明一个长度为 128 个字符的定长字符串变量 StrD,以下语句中正确的是_____。

A. Dim StrD As String　　　　　　　B. Dim StrD As String(128)

C. Dim StrD As String[128]　　　　　D. Dim StrD As String * 128

13. 为了用键盘打开菜单和执行菜单命令,第一步应按的键是_____。

A. 功能键 F10 或 Alt　　　　　　　　B. Shift+功能键 F4

C. Ctrl 或功能键 F8　　　　　　　　D. Ctrl+Alt

14. 如果在 Visual Basic 集成环境中没有打开属性窗口,下列可以打开属性窗口的操作是_____。

A. 用鼠标双击窗体的任何部位

B. 执行"工程"菜单中的"属性窗口"命令

C. 按 Ctrl+F4 键

D. 按 F4 键

15. 假定已在窗体上画了多个控件,其中有一个被选中,为了在属性窗口中设置窗体的属性,预先应执行的操作是_____。

A. 单击窗体上没有控件的地方　　　　B. 单击任意一个控件

C. 双击任意一个控件　　　　　　　　D. 单击属性窗口的标题栏

16. 下列操作中不能向工程添加窗体的是_____。

A. 执行"工程"菜单中的"添加窗体"命令

B. 单击工具栏上的"添加窗体"按钮

C. 右击窗体,在弹出的菜单中选择"添加窗体"命令

D. 右击工程资源管理器,在弹出的菜单中选择"添加"命令,然后在下一级菜单中选择"添加窗体"命令

17. 设 a=2, b=3, c=4, d=5,表达式 Not a<=c Or 4 * c=b^2 And b<>a+c 的值是_____。

A. -1　　　　　　B. 1　　　　　　C. True　　　　　　D. False

18. 鼠标拖放控件要触发两个事件,这两个事件是_____。

A. DragOver 事件和 DragDrop 事件

B. Drag 事件和 DragDrop 事件

C. MouseDown 事件和 KeyDown 事件

D. MouseUp 事件和 KeyUp 事件

19. 在窗体上画一个通用对话框,程序运行中用 ShowOpen 方法显示"打开"对话框时,

希望在该对话框的"文件类型"栏中只显示扩展名为 DOC 的文件,则在设计阶段应把通用对话框的 Filter 属性设置为_____。

    A. "(＊.DOC)＊.DOC"   B. "(＊.DOC)|(.DOC)"

    C. "(＊.DOC)||＊.DOC"   D. "(＊.DOC)|＊.DOC"

20. 以下叙述中错误的是_____。

    A. Print ♯ 语句和 Write ♯ 语句都可以向文件中写入数据

    B. 用 Print ♯ 语句和 Write ♯ 语句所建立的顺序文件格式总是一样的

    C. 如果用 Print ♯ 语句把数据输出到文件,则各数据项之间没有逗号分隔,字符串也不加双引号

    D. 如果用 Write ♯ 语句把数据输出到文件,则各数据项之间自动插入逗号,并且把字符串加上双引号

21. 如果把命令按钮的 Cancel 属性设置为 True,则程序运行后_____。

    A. 按 Esc 键与单击该命令按钮的作用相同

    B. 按回车键与单击该命令按钮的作用相同

    C. 按 Esc 键将停止程序的运行

    D. 按回车键将中断程序的运行

22. 为了使命令按钮的 Picture、DownPicture 或 DisabledPicture 属性生效,必须把它的 Style 属性设置为_____。

    A. 0   B. 1   C. True   D. False

23. 列表框中被选中的数据项的位置可以通过一个属性获得,这个属性是_____。

    A. List   B. ListIndex   C. Text   D. ListCount

24. 为了使一个复选框被禁用(灰色显示),应把它的 Value 属性设置为_____。

    A. 0   B. 1   C. 2   D. False

25. 为了使文本框显示滚动条,除要设置 ScrollBars 外,还必须设置的属性是_____。

    A. AutoSize   B. Alignment

    C. Multiline   D. MaxLength

26. 在窗体上画一个通用对话框名称为 CommonDialog1,则下列与 CommonDialog1.ShowOpen 方法等效的语句是_____。

    A. CommonDialog1.Action＝1   B. CommonDialog1.Action＝2

    C. CommonDialog1.Action＝3   D. CommonDialog1.Action＝4

27. 如果改变驱动器列表框的 Drive 属性,则将触发的事件是_____。

    A. Change   B. Scroll   C. KeyDown   D. KeyUp

28. 为了调整图像框的大小以与其中的图形相适应,必须把它的 Stretch 属性设置为_____。

    A. True   B. False   C. 1   D. 2

29. 在窗体上添加"控件"的正确的操作方式是_____。

    A. 先单击工具箱中的控件图标,再单击窗体上适当位置

    B. 先单击工具箱中的控件图标,再双击窗体上适当位置

    C. 直接双击工具箱中的控件图标,该控件将出现在窗体上

    D. 直接将工具箱中的控件图标拖动到窗体上适当位置

30. 窗体上有一个名称为 Command1 的命令按钮,事件过程如下:

```
Private Sub Command1_Click()
    Dim arr_x(5, 5)As Integer
    For i=1 To 3
        For j=2 To 4
            arr_x(i, j)=i * j
        Next j
    Next i
    Print arr_x(2, 1); arr_x(3, 2); arr_x(4, 3)
End Sub
```

运行程序,并单击命令按钮,窗体上显示的内容为_____。

    A. 0　　6　　0   B. 2　　6　　0

    C. 0　　6　　12   D. 2　　6　　12

31. 有如下程序:

```
Private Sub Form_Click()
    Dim i As Integer, n As Integer
    For i=1 To 20
        i=i+4
        n=n+i
        If i>10 Then Exit For
    Next
    Print n
End Sub
```

程序运行后,单击窗体,则输出结果是_____。

    A. 14   B. 15   C. 29   D. 30

32. 窗体上有 1 个名称为 Command1 的命令按钮,事件过程如下:

```
Private Sub Command1_Click()
    Dim num As Integer, x As Integer
    num=Val(InputBox("请输入一个正整数"))
    Select Case num
        Case Is>100
            x=x+num
        Case Is<90
            x=num
        Case Else
            x=x * num
    End Select
    Print x;
End Sub
```

运行程序,并在三次单击命令按钮时,分别输入正整数 100、90 和 60,则窗体上显示的内容为_____。

　　A. 0　0　0　　　　　　　　　　B. 0　0　60

　　C. 0　90　0　　　　　　　　　　D. 100　0　60

33. 窗体上有 1 个名称为 Command1 的命令按钮,事件过程如下:

```
Private Sub Command1_Click()
    m=-3.6
    If Sgn(m)Then
        n=Int(m)
    Else
        n=Abs(m)
    End If
    Print n
End Sub
```

运行程序,并单击命令按钮,窗体上显示的内容为_____。

　　A. -4　　　　　　　B. -3　　　　　　　C. 3　　　　　　　D. 3.6

34. 设有如下程序:

```
Private Sub Form_Click()
    num=InputBox("请输入一个实数")
    p=InStr(num, ". ")
    If p>0 Then
        Print Mid(num, p+1)
    Else
        Print "END"
    End If
End Sub
```

运行程序,单击窗体,根据提示输入一个数值。如果输入的不是实数,则程序输出"END";否则_____。

　　A. 用字符方式输出该实数

　　B. 输出该实数的整数部分

　　C. 输出该实数的小数部分

　　D. 去掉实数中的小数点,保留所有数码输出

35. 在窗体上画一个文本框,名称为 Text1,然后编写如下程序:

```
Private Sub Form_Load()
    Show
    Text1. Text=""
    Text1. SetFocus
End Sub
Private Sub Form_Click()
    Dim a As String, s As String
```

```
        a=Text1. Text
        s=""
        For k=1 To Len(a)
            s=UCase(Mid(a, k, 1))+s
        Next k
        Text1. Text=s
    End Sub
```

程序运行后,在文本框中输入一个字符串,然后单击窗体,则文本框中的内容_____。

A. 与原字符串相同

B. 与原字符串中字符顺序相同,但所有字母均转换为大写

C. 为原字符串的逆序字符串,且所有字母转换为大写

D. 为原字符串的逆序字符串

36. 有以下通用过程:

```
    Function fun(N As Integer)
        s=0
        For k=1 To N
                s=s+k * (k+1)
        Next k
        fun=s
    End Function
```

该过程的功能是_____。

A. 计算 N!

B. 计算 1+2+3+…+N

C. 计算 1×2×2×3×3×…×N×N

D. 计算 1×2+2×3+3×4+…+N×(N+1)

37. 在窗体上画一个命令按钮,然后编写如下事件过程:

```
    Private Sub Command1_Click()
        a$=InputBox("请输入一个二进制数")
        n=Len(a$)
        For i=1 To n
                Dec=Dec * 2+_____(a$, i, 1)
        Next i
        Print Dec
    End Sub
```

程序功能为:单击命令按钮,将产生一个输入对话框,此时如果在对话框中输入一个二进制数,并单击"确定"按钮,则把该二进制数转换为等值的十进制数。这个程序不完整,应在程序中空白处填入的内容是_____。

A. Left   B. Right   C. Val   D. Mid

38. 设有如下事件过程:

```
    Private Sub Form_Click()
```

```
        Sum＝0
        For k＝1 To 3
            If k＜＝1 Then
                x＝1
            ElseIf k＜＝2 Then
                x＝2
            ElseIf k＜＝3 Then
                x＝3
            Else
                x＝4
            End If
            Sum＝Sum＋x
        Next k
        Print Sum
    End Sub
```

程序运行后,单击窗体,输出结果是_____。

A. 9　　　　　　　　B. 6　　　　　　　　C. 3　　　　　　　　D. 10

39. 在窗体上画一个命令按钮和一个标签,其名称分别为 Command1 和 Label1,然后编写如下事件过程：

```
    Private Sub Command1_Click()
        Dim arr(10)
        For i＝6 To 10
            arr(i)＝i－5
        Next i
        Label1. Caption＝arr(0)＋arr(arr(10)/ arr(6) )
    End Sub
```

运行程序,单击命令按钮,则在标签中显示的是_____。

A. 0　　　　　　　　B. 1　　　　　　　　C. 2　　　　　　　　D. 3

40. 在窗体上画一个名称为 Text1 的文本框,并编写如下程序：

```
    Option Base 1
    Private Sub Form_Click()
        Dim arr
        Dim Start As Integer, Finish As Integer
        Dim Sum As Integer
        arr＝Array(12, 4, 8, 16)
        Start＝LBound(arr)
        Finish＝UBound(arr)
        Sum＝0
        For i＝Start To Finish
            Sum＝Sum＋arr(i)
```

```
        Next i
        c=Sum / Finish
        Text1. Text=c
    End Sub
```

运行程序,单击窗体,则在文本框中显示的是_____。

　　A. 40　　　　　　　B. 10　　　　　　C. 12　　　　　　D. 16

上机操作模拟题（1）

一、基本操作题

请根据以下各小题的要求设计 Visual Basic 应用程序（包括界面和代码）。

（1）在 Form1 的窗体上画一个文本框，名称为 Text1。画一个命令按钮，名称为 C1，标题为"显示"，TabIndex 属性为 0。请为 C1 设置适当的属性，使得按 Esc 键时，可以调用 C1 的 Click 事件，该事件过程的作用是在文本框中显示"等级考试"，程序运行结果如图 3-11 所示。

注意：存盘时必须存放在考生文件夹下，工程文件名为 sjt1.vbp，窗体文件名为 sjt1.frm。程序中不得使用任何变量。

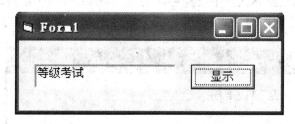

图 3-11　显示设定

（2）在 Form1 的窗体上画一个名称为 Text1 的文本框，然后建立一个主菜单，标题为"操作"，名称为 Op，该菜单有两个子菜单，其标题分别为"显示"和"隐藏"，名称分别为 Dis 和 Hid，编写适当的事件过程。程序运行后，如果单击"操作"菜单中的"显示"命令，则在文本框中显示"等级考试"；如果单击"隐藏"命令，则隐藏文本框。程序的运行情况如图 3-12 所示。

注意：存盘时必须存放在考生文件夹下，工程文件名为 sjt2.vbp，窗体文件名为 sjt2.frm。程序中不得使用任何变量。

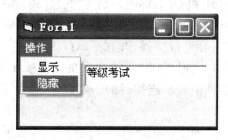

图 3-12　菜单操作

二、简单应用题

（1）在考生文件夹下有一个工程文件 sjt3.vbp，请在窗体上画两个框架，其名称分别为 F1 和 F2，标题分别为"交通工具"和"到达目标"。在 F1 中画两个单选按钮，名称分别为 Op1 和 Op2，标题分别为"飞机"和"火车"。在 F2 中画两个单选按钮，名称分别为 Op3 和 Op4，标题分别为"广州"和"昆明"。然后画一个命令按钮，其名称为 C1，标题为"确定"。再画一个标签，其名称为 Lab1。编写适当的事件过程。程序运行后，选择不同的单选按钮并单击"确定"按钮后在标签框中显示结果如表 3 - 3 所示。

表 3 - 3

选中的单选按钮	交通工具	到达目标	单击"确定"按钮后,文本框中显示的内容
第一种情况	火车	昆明	坐火车去昆明
第二种情况	火车	广州	坐火车去广州
第三种情况	飞机	昆明	坐飞机去昆明
第四种情况	飞机	广州	坐飞机去广州

程序的运行情况如图 3 - 13 所示。存盘时,工程文件名为 sjt3. vbp,窗体文件名为 sjt3. frm。

注意:考生不得修改窗体文件中已经存在的程序,在结束程序运行之前,必须至少进行上面的一种操作。退出程序时必须通过单击窗体右上角的关闭按钮,否则无成绩。

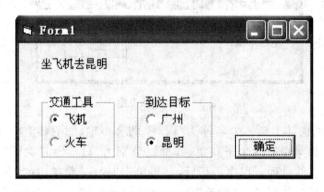

图 3 - 13　交通工具选择

(2) 在考生文件夹下有一个工程文件 sjt4. vbp,请在窗体上画三个文本框,其名称分别为 Text1、Text2 和 Text3,文本框内容分别设置为"等级考试"、"计算机"和空白。然后画两个单选按钮,其名称分别为 Op1 和 Op2,标题分别为"交换"和"连接"(如图 3 - 14 所示),编写适当的事件程序。程序运行后,如果选中"交换"单选按钮并单击窗体,则 Text1 文本框中内容与 Text2 文本框中的内容进行交换,并在 Text3 文本框中显示"交换成功";如果选中"连接"单选按钮并单击窗体,则把 Text1 和 Text2 的内容按 Text1 在前、Text2 在后的顺序连接起来,并在 Text3 文本框中显示连接后的内容。存盘时,工程文件名为 sjt4. vbp,窗体文件名为 sjt4. frm。

注意:不得修改已经给出的程序。在结束程序运行之前,必须选中一个单选按钮,并单击窗体。退出程序时必须通过单击窗体右上角的关闭按钮,否则无成绩。

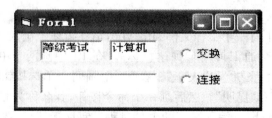

图 3 - 14　交换和连接

三、综合操作题

在考生文件夹下有一个工程文件 sjt5. vbp,相应窗体文件为 sjt5. frm,还有一个 datain. txt 文本文件,内容为:

32 43 76 58 28 12 98 57 31 42 53 64 75 86 97 13 24 35 46 57 68 79 80 59 37。

程序运行后,单击窗体,将把文件 datain. txt 中的数据输入到二维数组 Mat 中,在窗体上按 5 行、5 列的矩阵形式显示出来,然后交换矩阵第一行和第三行的数据,并在窗体上输出交换后的矩阵,如图 3－15 所示。在窗体的代码窗口中已给出了部分程序,这个程序不完整,请把它补充完整,并能正确运行。

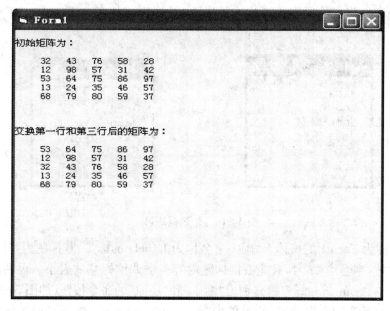

图 3－15　矩阵交换

上机操作模拟题（2）

一、基本操作题

请根据以下各小题的要求设计 Visual Basic 应用程序（包括界面和代码）。

（1）在名称为 Form1、标题为"列表框练习"的窗体上画一个名称为 List1 的列表框,表项内容依次输入 xxx、ddd、mmm 和 aaa,且以宋体 14 号字显示表项内容,如图 3－13(a)所示。最后设置相应属性,使运行后列表框中的表项按字母升序方式排列,如图 3－16(b)所示。

注意:存盘时,将文件保存至考生文件夹下,且窗体文件名为 sjt1.frm,工程文件名为 sjt1.vbp。

图 3－16　列表框练习

（2）在名称为 Form1 的窗体上,画一个名称为 Label1 的标签,其标题为"计算机等级考试",字体为宋体,字号为 12 号,且能根据标题内容自动调整标签的大小。再画两个名称分别为 Command1、Command2,标题分别为"缩小"和"还原"的命令按钮(如图 3－17 所示)。

要求　编写适当的事件过程,使得单击"缩小"按钮,Label1 中所显示的标题内容自动减小两个字号;单击"还原"按钮,Label1 所显示的标题内容的大小自动恢复到 12 号。

注意:存盘时,将文件保存至考生文件夹下,窗体文件名为 sjt2.frm,工程文件名为 sjt2.vbp。要求程序中不得使用变量,每个事件过程中只能写一条语句。

图 3－17　字体变化

二、简单应用题

（1）考生文件夹下的工程文件 sjt3.vbp 中有一个初始内容为空、且带有垂直滚动条的文本框,其名称为 Text1;两个标题分别为"读数据"和"查找"的命令按钮,其名称分别为 Cmd1、Cmd2,如图 3－18 所示。请画一个标题为"查找结果"的标签 Label1,再画一个名称为 Text2,其初始内容为空的文本框。程序功能如下:

① 单击"读数据"按钮,则将考生文件夹下 in3. dat 文件中已按升序排列的 30 个整数读入一维数组 a 中,并同时显示在 Text1 文本框内;

② 单击"查找"按钮,将弹出输入框接收用户输入的任意一个偶数,若接收的数为奇数,则提示重新输入。如果接收的偶数超出一维数组 a 的数值范围,则无须进行相应查找工作,直接在 Text2 内给出结果;否则,在一维数组 a 中查找该数,并根据查找结果在 Text2 文本框内显示相应信息。命令按钮的 Click 事件过程已给出,但"查找"按钮的 Click 事件过程不完整,请将其中的注释符去掉,把? 改为正确的内容,以实现上述程序功能。

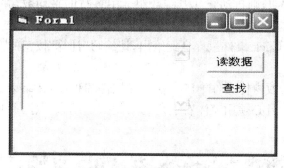

图 3 - 18   读数据和查找

(2) 考生文件夹下的工程文件 sjt4. vbp 中有一个初始内容为空的文本框 Text1,一个包含三个元素的文本框控件数组 Text2,两个标题分别是"读数据"和"统计"的命令按钮,两个分别含有三个元素的标签控件数组 Label1 和 Label2,如图 3 - 19 所示。程序功能如下:

① 考生文件夹下 in4. dat 文件中存有 20 个考生的考号及数学和语文单科考试成绩。单击"读数据"按钮,可以将 in4. dat 文件内容读入到 20 行 3 列的二维数组 a 中,并同时显示在 Text1 文本框内;

② 单击"统计"按钮,则对考生数学和语文的平均分在"优秀"、"通过"和"不通过"三个分数段的人数进行统计,并将人数统计结果显示在控件数组 Text2 中相应位置。其中,平均分在 85 分以上(含 85 分)为"优秀",平均分在 60~85 分之间(含 60 分)为"通过",平均分在 60 分以下为"不通过"。

命令按钮的 Click 事件过程已经给出,但"统计"按钮的 Click 事件过程不完整,请将其中的注释符去掉,把? 改为正确的内容,以实现上述程序功能。

注意:考生不得修改窗体文件中已经存在的控件和程序,最后程序按原文件名存盘。

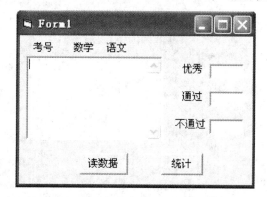

图 3 - 19   成绩统计

三、综合操作题

考生文件夹下的工程文件 sjt5.vbp 中有一个初始内容为空的文本框 Text1,两个标题分别是"读数据"和"计算"的命令按钮;请画一个标题为"各行平均数的最大值为"的标签 Label2,再画一个初始内容为空的文本框 Text2,如图 3-20 所示。

程序功能如下:

① 单击"读数据"按钮,则将考生文件夹下 in5.dat 文件的内容读入 20 行 5 列的二维数组 a 中,并同时显示在 Text1 文本框内;

② 单击"计算"按钮,则自动统计二维数组 a 中各行的平均数,并将这些平均数中的最大值显示在 Text2 文本框内。

"读数据"按钮的 Click 事件过程已经给出,请编写"计算"按钮的 Click 事件过程实现上述功能。

注意:考生不得修改窗体文件中已经存在的控件和程序,在结束程序运行之前,必须用"计算"按钮进行计算,且必须用窗体右上角的关闭按钮结束程序,否则无成绩。最后,程序按原文件名存盘。

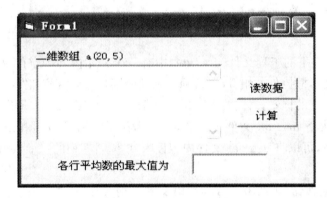

图 3-20　读数据和计算

上机操作模拟题(3)

一、基本操作题

请根据以下各小题的要求设计 Visual Basic 应用程序(包括界面和代码)。

(1) 在名称为 Form1、标题为"练习"的窗体上画一个名称为 Frame1、标题为"效果"的框架。框架内含有三个复选框,其名称分别为 Chk1、Chk2 和 Chk3,标题分别为"倾斜"、"加粗"和"下划线"。运行后的窗体如图 3-21 所示。

要求 存盘时必须存放在考生文件夹下,工程文件名为 sjt1. vbp,窗体文件名为 sjt1. frm。

图 3-21 练习

图 3-22 日期时间显示

(2) 在名称为 Form1 的窗体上画一个名称为 Label1 的标签,其初始内容为空,且能根据指定的标题内容自动调整标签的大小;再画两个命令按钮,标题分别是"日期"和"时间",名称分别为 Command1、Command2。请编写两个命令按钮的 Click 事件过程,使得单击"日期"按钮时,标签内显示系统当前日期;单击"时间"按钮时,标签内显示系统当前时间,如图 3-22 所示。

要求 程序中不得使用变量,每个事件过程中只能写一条语句。

注意:存盘时必须存放在考生文件夹下,工程文件名为 sjt2. vbp,窗体文件名为 sjt2. frm。

二、简单应用题

(1) 在考生文件夹下有一个工程文件 sjt3. vbp,其功能是:

① 单击"读数据"按钮,则把考生文件夹下 in3. dat 文件中的 100 个正整数读入数组 a 中。

② 单击"计算"按钮,则找出这 100 个正整数中的所有完全平方数(一个整数若是另一个整数的平方,那么它就完全平方数。例如,$36=6^2$,所以 36 就是一个完全平方数),并计算这些完全平方数的平均值,最后将计算所得平均值截尾取整后显示在文本框 Text1 中。

在给出的窗体文件中已经有了全部控件(如图 3-23 所示),但程序不完整,要求完善程序使其实现上述功能。

注意:考生不得修改窗体文件中已经存在的控件和程序,在结束程序运行之前,必须进行计算,且必须用窗体右上角的关闭按钮结束程序,否则无成绩,最后把修改的文件按原文件名存盘。

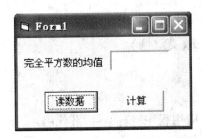

图 3-23　完全平方数　　　　　　　　　图 3-24　演示

（2）在考生文件夹下有一个工程文件 sjt4.vbp，其窗体上有两个命令按钮和一个计时器。两个命令按钮的初始标题分别是"演示"和"退出"；计时器 Timer1 的初始状态为不可用。请画一个名称为 Label1，且能根据显示内容自动调整大小的标签，其标题为"Visual Basic 程序设计"，显示格式为黑体小四号字，如图 3-24 所示。程序功能如下：

① 单击"演示"按钮时，则该按钮的标题自动变换为"暂停"，且标签在窗体上从左向右循环滚动，当完全滚动出窗体右侧时，从窗体左侧重新进入；

② 单击"暂停"按钮时，则该按钮的标题自动变换为"演示"，并暂停标签的滚动。

③ 单击"退出"按钮时，则结束程序运行。

要求　请去掉程序中的注释符，把程序中的？改为正确的内容，使其实现上述功能，但不能修改窗体文件中已经存在的控件和程序。最后把修改后的文件按原文件名存盘。

三、综合操作题

在考生文件夹下有一个工程文件 sjt5.vbp，窗体上有三个文本框，其名称分别为 Text1、Text2 和 Text3，其中 Text1、Text2 可多行显示。请画三个名称分别为 Cmd1、Cmd2 和 Cmd3，标题分别为"产生数组"、"统计"和"退出"的命令按钮，如图 3-25 所示。程序功能如下：

① 单击"产生数组"按钮时，用随机函数生成 20 个 0～10 之间（不含 0 和 10）的数值，并将其保存到一维数组 a 中，同时也将这 20 个数值显示在 Text1 文本框内。

② 单击"统计"按钮时，统计出数组 a 中出现频率最高的数值及其出现的次数，并将出现频率最高的数值显示在 Text2 文本框内、出现频率最高的次数显示在 Text3 文本框内。

③ 单击"退出"按钮时，结束程序运行。

要求　请去掉程序中的注释符，把程序中的？改为正确的内容，使其实现上述功能，但不能修改窗体文件中已经存在的控件和程序。最后把修改后的文件按原文件名存盘。

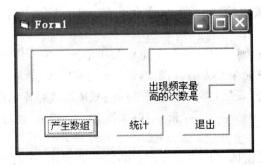

图 3-25　数组统计